料理研究家的
水果甜點完美配方

從原味到輕奢,
甜品職人的季節菓子發想與糕點美學

藤野貴子 著
徐瑜芳 譯

前言

一年的時間看似漫長，卻又十分短暫。
春去秋來，四季更迭，轉眼間又到了同樣的季節。
當我用盡全力地度過每一天，或許會覺得日子很漫長。
但是當抬頭望向天空，感受微風吹拂時，
又會意識到「啊，季節又變了」。
在這個想法萌生之際，腦海中的某個角落也浮現了新一季的水果。

舉凡常去的超市、街道的樹木，還有熟識的農家寄來的
當季農產品等日常中，都可以發現許多水果。
看見這些水果的同時，也能在視覺上感受到四季的變換。

另一方面，由於水果是大自然賜予的恩惠，
每年的產量及狀況都不盡相同。
能收穫當季水果並非理所當然，因此對每一次相遇都心存感激。
假如有熟人今年也培育了作物，真是應當知足感恩。

對於入手的水果，我會聞聞香氣、嘗試觸感。
思考要直接享用，或是烤一烤做成甜點，品嘗濃郁的風味；
抑或是加入香草植物或香料增添香氣。
光是想像著要如何料理、品嘗，就讓人雀躍不已。

本書中會一邊和大家聊聊常見的水果，
一邊介紹許多值得一試的糖漬水果和甜點。
甜點本身的基底不會太搶味，都是些作法簡易，
又能突顯水果本身美味的食譜。

希望可以藉由本書，帶著各位一起透過當季水果感受四季流轉。
敬請期待！

藤野貴子

Contents

02　前言
06　本書使用說明
07　水果季節曆

(spring)

09　糖漬奇異果

Kiwi
奇異果

10　水果三明治
12　瑪德蓮
14　巴斯克乳酪蛋糕

Plum, Apricot, Soldum
黃肉李、杏桃、日本紅肉李

16　李子法式吐司
18　杏桃慕斯
20　方塊李子蛋糕
　　佐燕麥奶酥

Cherry
櫻桃

22　寒天果凍
24　新鮮櫻桃塔
25　曲奇餅乾

(summer)

31　糖漬鳳梨

Pineapple
鳳梨

32　鳳梨酥派
34　翻轉鳳梨蛋糕

Watermelon
西瓜

37　果凍
38　沙拉
39　果汁

Peach
桃子

40　茶漬蜜桃
42　生乳酪蛋糕
44　蜜桃蛋塔

Blueberry
藍莓

46　芙朗塔
48　瑪芬

在「spring」、「summer」、「autumn」、「winter」等章節中，都是直接使用當季新鮮水果製作的點心。而分類在「Stock Recipe」之中的，則是以果醬、糖煮等方式製成的常備水果食譜，以及利用這些儲備水果製作的甜點料理。請各位盡情享受水果特有的豐富美味。

(autumn)

51　糖漬葡萄

Grapes
葡萄

52　香烤葡萄塔
54　司康
57　義式油炸葡萄

Pear
西洋梨

58　奶油烤洋梨
60　翻轉洋梨派
63　藍紋乳酪洋梨吐司
64　紅酒洋梨果凍

Fig
無花果

66　肉桂無花果雙層蛋糕
68　熱烤無花果佐茅屋起司
69　烤布蕾
70　水果大福

(winter)

75　糖漬草莓

Strawberry
草莓

76　白巧克力布朗尼
78　歐姆蕾蛋糕捲
80　鮮奶油蛋糕
83　漂浮蘇打

Apple
蘋果

84　蘋果派
88　法式軟糖
90　焦糖蘋果磅蛋糕

Citrus
柑橘

92　柑橘法式凍派
94　焦糖香煎蜜柑
95　葡萄柚布丁
96　椰香檸檬派

Stock Recipe
儲備食譜

JAM

果醬

100　草莓果醬
101　柑橘果醬

Arrange Recipe
102　甜甜圈
104　金合歡蛋糕

COMPOTE

糖煮水果

106　糖煮桃子
107　糖煮無花果／草莓／奇異果

Arrange Recipe
108　蜜桃梅爾芭
109　無花果果凍
110　草莓冷湯
111　半乾奇異果

PUREE

果泥

112　西洋梨／草莓果泥

Arrange Recipe
113　洋梨牛奶冰淇淋
114　洋梨肉桂慕斯
115　草莓百匯

BOIL FOR 5 MIN

5分煮

116　鳳梨／李子5分煮

Arrange Recipe
117　鳳梨果乾
118　庫爾菲
119　免揉麵包

ROCK SUGAR SYRUP

冰糖糖漿

120　葡萄／日本柚子／
　　　梅子／藍莓糖漿

Arrange Recipe
122　葡萄蘇打、葡萄牛奶、
　　　葡萄調酒
123　柚子茶
124　梅子義式冰沙
　　　藍莓沙拉醬

Column
125　聰明活用冷凍庫存
126　三大必須先注意的重點

本書使用說明

- 計量單位為1小匙＝5㎖，1大匙＝15㎖。
- 每個水果的尺寸都有個體差異，因此在分量標示上會有數量及克數併用的情況，兩者皆供參考，非絕對值。
- 蛋都是使用L號雞蛋（不含蛋殼約60g），退冰至常溫使用。
- 使用的鹽為粗鹽，優格為原味，鮮奶油乳脂肪含量為42％（參照P.126）。
- 使用的奶油皆為無鹽奶油。
- 冷卻凝固的時間僅供參考，請依實際情況進行調整。
- 烤箱烘烤的狀況因熱源的種類及型號而異，請參考食譜標示時間，並依實際情況適當調整。

Fruits Calendar
水果季節曆

水果最好吃的時候,果然還得是當季。
讓我們一起認識水果的產季,盡情享受濃郁多汁的滋味。

		1月	2月	3月	4月	5月	6月	7月	8月	9月	10月	11月	12月
春 (spring)	奇異果		▨	▨	▨	▨							
	黃肉李、杏桃、日本紅肉李				▨	▨	▨						
	櫻桃					▨	▨	▨					
夏 (summer)	鳳梨						▨	▨	▨				
	西瓜						▨	▨	▨	▨			
	桃子						▨	▨	▨				
	藍莓						▨	▨	▨				
秋 (autumn)	葡萄									▨	▨	▨	
	西洋梨									▨	▨	▨	
	無花果								▨	▨	▨		
冬 (winter)	草莓		▨	▨	▨	▨						▨	▨
	蘋果	▨	▨	▨	▨	▨					▨	▨	▨
	柑橘	▨	▨	▨	▨							▨	▨

Kiwi
Plum, Apricot, Soldum
Cherry

(spring)

春暖花開,讓人心曠神怡的春天,同時也是奇異果、黃肉李、杏桃、日本紅肉李等酸甜水果的美味季節。在最喜歡的點心時間享用滿滿的當季水果,盡情享受春天帶來的恩惠吧。

糖漬奇異果

沾裹了柔和糖粉甜味的奇異果，在其中加入薄荷，
味道會變得更加清爽。同樣作法，改用黃金奇異果也很美味！

材料（2人份）

奇異果⋯4個（純果肉約400g）

薄荷葉⋯15g

糖粉⋯40g

檸檬汁⋯1～2小匙

作法

將奇異果切成適口的大小。所有材料加入鉢盆中，大幅度地翻拌整體至糖粉完全融化。

Kiwi 奇異果

水果三明治

美味的關鍵在於用「滿滿的鮮奶油霜」包裹住奇異果。
利用清爽不過甜的鮮奶油帶出高雅風味。

（ spring ）

材料（2人份）

奇異果…2個（照片中是使用1個綠色，1個黃色）

鮮奶油…200g

煉乳（含糖）…40g

吐司（8片裝）…4片

作法

❶ **奇異果縱切成1/4塊狀**

將奇異果去皮，縱切成1/4塊狀。

❷ **鮮奶油攪拌至可拉出尖角的發泡狀態**

將鮮奶油及煉乳放入缽盆中混合，以手持電動攪拌機攪打至9～10分發，拿起攪拌器時鮮奶油霜呈現尖角狀即可。最後再用打蛋器將鮮奶油霜攪拌均勻（**a**）。

❸ **以鮮奶油霜抹吐司**

在吐司的單側塗上薄薄的鮮奶油霜，4片都塗好之後，再將其中2片中央部分塗上更厚的鮮奶油霜。

❹ **擺上奇異果，和鮮奶油霜一起夾進吐司裡**

如上方照片所示，在❸的中央部分加厚的鮮奶油霜上方，各放上3塊奇異果，每塊果肉均不重疊。接著在上方繼續厚塗鮮奶油霜，將奇異果蓋住，再蓋上另一片吐司（**b**）。

❺ **冷藏靜置再分切**

將整塊三明治用保鮮膜包好，放進冰箱冷藏靜置約1小時。接著，連同保鮮膜將吐司邊切掉，再拆掉保鮮膜，將三明治對半切開。

用保鮮膜包起來之後，在與橫擺的奇異果垂直的位置，用筆做上記號（**c**）。接著，沿著畫好的線將三明治切開，就能看到漂亮的奇異果切面了（**d**）。

(spring)

Kiwi／奇異果
瑪德蓮

加入蜂蜜，可以讓成品質地更加濕潤柔軟。
若想降低糖霜的甜味，也可以加入少許檸檬汁。

材料（貝殼模具9個份）

奇異果⋯1/4個

細砂糖⋯45g

粗鹽⋯1撮

蛋⋯60g（約1個份）

低筋麵粉⋯50g

泡打粉⋯1/3小匙

融化奶油⋯55g
（用微波爐500W分次加熱奶油，每次10〜20秒，使其完全融化）

蜂蜜⋯10g

[糖霜用]

奇異果⋯40g

糖粉⋯100g

前置準備

・將奇異果去皮，縱切成1/4塊狀，
  將分切的塊狀再切成扇形的薄片
・烤箱預熱至190℃

作法

❶ **依序將細砂糖、粗鹽、蛋攪拌混合**

　在缽盆中放入細砂糖及粗鹽，用打蛋器將充分地攪拌混合。接著打入蛋，繼續攪拌至均勻。

❷ **將粉類、奶油及蜂蜜充分地攪拌混合**

　將低筋麵粉及泡打粉一邊過篩，一邊加入缽盆中，攪拌至看不出粉粒感。接著倒入融化的奶油（a）攪拌混合，最後再加入蜂蜜混合均勻（b）。

❸ **將麵糊及奇異果放入模具中烘烤**

　在扇貝造型模具中塗上奶油（分量外），撒入手粉（高筋麵粉／分量外）。將模具敲擊檯面，確實敲落多餘的麵粉（c）。用湯匙等器具將❷的麵糊均勻倒入模具中，每格表面都分別放上一片奇異果切片（d）。放入烤箱中，以190℃烘烤12〜15分鐘，將其烤至金黃色。

❹ **冷卻後淋上糖霜**

　製作糖霜：將奇異果搗碎，加入糖粉，充分地攪拌混合（e）。烤好之後立即脫模，靜置冷卻。冷卻後用湯匙淋上糖霜，放置15分鐘待其乾燥（f）。

(spring)

Kiwi ／奇異果
巴斯克乳酪蛋糕

在柔滑的起司蛋糕中，加入整顆圓滾滾的奇異果。
可以品嘗到奇異果原本的美味，是一款風味清爽的蛋糕。

烘焙紙的鋪法

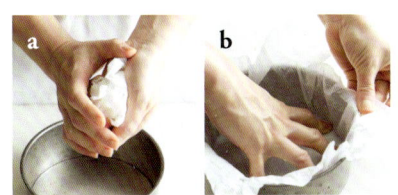

剪出比模具更大的烘焙紙，用手將其捏成圓球狀，讓紙張變軟（a）。將烘焙紙貼合模具底部（b），鋪滿整圈（c）。

材料（15cm的圓模1個份）

奇異果…2個

奶油乳酪…250g

細砂糖…85g

蛋…2個

低筋麵粉…9g

鮮奶油…120g

前置準備

・將奇異果去皮，縱切對半
・奶油乳酪退冰至常溫
・在模具中鋪上烘焙紙（a、b、c）
・烤箱預熱至220℃

作法

❶ **將奶油乳酪和細砂糖攪拌混合**

將奶油乳酪和細砂糖放入缽盆中，以矽膠刮刀攪拌混合至柔軟的狀態（d）。

❷ **加入蛋、低筋麵粉、鮮奶油製作麵糊**

打入2個蛋，用打蛋器將其攪拌均勻，接著加入低筋麵粉充分地攪拌混合。最後再倒入鮮奶油攪拌混合（e）。

❸ **倒入模具中，以烤箱烘烤**

將❷的麵糊到入模具中，再將奇異果切面朝上放入模具，用手指將奇異果輕輕地壓進麵糊中（f）。放入烤箱，以220℃烘烤20分鐘。取出放涼之後，再放入冰箱冷藏6小時左右，就可以脫模了。

POINT 用烤箱的最高溫度將表面烤焦，香氣會更加明顯，非常美味哦！

Plum, Apricot, Soldum 黃肉李、杏桃、日本紅肉李

(spring)

Plum／黃肉李
李子法式吐司

連吐司中都紮實地塞滿了李子，用料奢侈的一道甜點。
推薦各位在熱熱的吐司上再加一球冰淇淋！

材料（2人份）

黃肉李…4個

蛋…3個

細砂糖…45g

牛奶…200g

吐司（4片裝）…2片

奶油…15g

糖粉、楓糖漿…依喜好添加

前置準備

・將黃肉李對半切開再去籽。預留4塊，其餘再切成4等分瓣狀。

作法

❶ **製作蛋液**

將蛋打入缽盆中，加入細砂糖，以打蛋器攪拌混合，再倒入牛奶攪拌均勻。

❷ **將黃肉李夾入吐司中**

在吐司中間切出一道開口（**a**、**b**），塞入切成瓣狀的黃肉李（**c**）。將吐司浸泡在❶的蛋液中，大約10分鐘後再翻面繼續浸泡（**d**）。

❸ **用平底鍋小火慢煎**

將奶油放進已加熱的鍋中融化，以中小火將❷的吐司慢慢煎4～5分鐘，將其煎至兩面金黃（**e**）。過程中再加入4個事先切成半塊的黃肉李，煎至出現焦色（**f**）。盛入盤中，依喜好撒上糖粉或淋上楓糖漿。

Apricot／杏桃
杏桃慕斯

使用大量杏桃製作的鬆軟慕斯，其濃郁的滋味令人驚豔。
也可以使用較大的模具製作，和大家一起分享哦。

(spring)

材料（150㎖布丁杯5個份／H6cm）

杏桃…300g

杏桃、鼠尾草（裝飾用）…適量

吉利丁（粉狀）…6g

鮮奶油…100g

牛奶…70g

細砂糖…80g

前置準備

- 以4倍的水（分量外）浸泡吉利丁5～10分鐘，將其泡軟。加入❸的材料前，用微波爐600W分次加熱，每次10秒，一邊觀察狀態，約加熱20秒，使其完全融化
- 將鮮奶油放入缽盆中，以攪拌機打至7分發（泡沫會稍微殘留在攪拌機葉片上，垂落時會留下些許痕跡的狀態）。最後再用打蛋器攪拌均勻（a）

作法

❶ 加熱牛奶及細砂糖

將牛奶及細砂糖放入鍋中加熱，使細砂糖融化。

❷ 將慕斯用的杏桃打成果泥狀

將300g的杏桃連皮對半切開再去籽。放入攪拌機中打成果泥狀（b）。

❸ 混合全部的材料

在❶的牛奶中倒入融化的吉利丁，攪拌混合（c），再倒入缽盆中。將缽盆疊在另一個裝有冰水的缽盆中，加入❷的杏桃果泥攪拌混合（d）。待盆中的混和物變冰時，加入打至7分發的鮮奶油霜，用矽膠刮刀翻拌混合（e）。

POINT 溫度太高會使鮮奶油霜融化，務必等液體冷卻後再倒入。

❹ 盛入布丁杯中冷藏

將混合好的慕斯液倒入布丁杯中，放入裝有冰塊的調理盤中，再放進冰箱冷藏約6小時，待其冷卻凝固（f）。最後將裝飾用的杏桃切成小塊，和鼠尾草一起裝飾在慕斯周圍。

POINT 布丁杯可以先用水沾濕，再瀝掉多餘的水分。在微濕的狀態下倒入慕斯液，後續較容易脫模。另外，脫模時先將布丁杯泡一下溫水，也有助於順利脫模。

(spring)

Soldum ／日本紅肉李
方塊李子蛋糕 佐燕麥奶酥

塊狀的燕麥奶酥口感十足,很適合當作點心或早餐。
鮮甜多汁的紅肉李讓人回味無窮。

材料(16cm的方模1個份)

日本紅肉李(新鮮的)…80g

奶油(常溫)…70g

細砂糖…100g

蛋…1個

低筋麵粉…90g

泡打粉…4g

牛奶…15g

優格…15g

高筋麵粉…1/2大匙

[燕麥奶酥]

低筋麵粉…25g

黍砂糖…25g

傳統燕麥片…25g

粗鹽…1g

融化奶油…25g

(用微波爐500W分次加熱奶油,每次10～20秒,使其完全融化)

前置準備

・日本紅肉李連皮對半切開、去籽,再分切為4等分瓣狀
・在模具中鋪上烘焙紙(參照P.127)
・烤箱預熱至170℃

作法

❶ **製作燕麥奶酥**

在缽盆中放入融化奶油之外的奶酥材料(**a**)。攪拌混合後,再倒入融化奶油混合(**b**),讓整體均勻地融合在一起(**c**)。

POINT 一開始先製作燕麥奶酥,便可利用奶酥靜置的時間製作麵糊。

❷ **製作麵糊**

將退冰至常溫的奶油放入缽盆中,以矽膠刮刀攪拌至美乃滋狀(**d**)。加入細砂糖,再用打蛋器攪拌至泛白(**e**)。

POINT 奶油不夠柔軟的話,就沒辦法和細砂糖融合,須特別留意。

❸ **完成麵糊,倒入模具中**

將蛋打入缽盆中,用打蛋器攪拌均勻。接著將低筋麵粉及泡打粉過篩加入缽盆中,攪拌至沒有粉粒殘留,再加入牛奶及優格(**f**),充分地攪拌混合。倒入鋪有烘焙紙的模具中。

❹ **將日本紅肉李放到麵糊上**

將紅肉李裹上高筋麵粉(**g**),接著隨意放到麵糊上。

POINT 裹上高筋麵粉有助於果肉附著而不會脫落。此為想讓水果出現在蛋糕表面時可以使用的小技巧。

❺ **撒上燕麥奶酥後烘烤**

用手將奶酥捏成喜歡的大小後撒在麵糊表面,過程中注意不要讓奶酥與果肉重疊(**h**)。放入烤箱以170℃烘烤30分鐘,接著將烤盤內外轉向,再烤15～20分鐘。烤好的蛋糕待放涼之後即可脫模,放在架上冷卻。

Cherry 櫻桃

(spring)

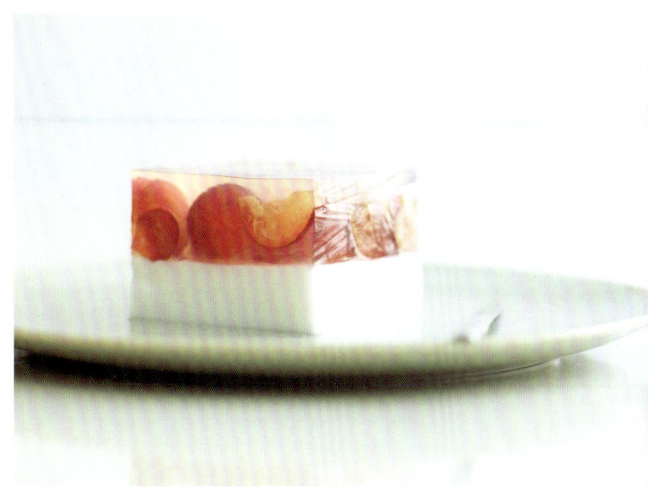

寒天果凍

牛奶寒天的柔和甜味，
很適合搭配果肉多汁的櫻桃。
利用寒天可以製作出柔軟的口感。

材料（活動方模 W17 × D14 × H4.5cm）

櫻桃…150g

檸檬汁…15g

[牛奶寒天凍]

水…100g

細砂糖…30g

寒天粉…2g

牛奶…300g

[寒天凍]

水…300g

細砂糖…45g

寒天粉…2g

作法

❶ 製作牛奶寒天凍

將[牛奶寒天凍]要用的水、細砂糖跟寒天粉加入鍋中煮沸，使寒天粉融化（a）。將加熱至人體溫度的牛奶倒入鍋中，充分地攪拌均勻。倒入模具中，在常溫中靜置30分鐘，待其凝固。

❷ 混合櫻桃及檸檬汁

摘除櫻桃果蒂，對半切開再去籽。和檸檬汁拌勻備用。

❸ 讓寒天和櫻桃凝固成凍狀

待❶的牛奶寒天凝固後，將[寒天凍]所需之100g的水、細砂糖與寒天粉放入鍋中煮沸，使寒天粉融化。接著和剩餘的水一起倒入❷的缽盆中，輕輕地攪拌混合（b）。將櫻桃散放在❶的牛奶寒天凍上（c），倒入寒天液（d），放入冰箱中冷藏待其凝固。

Cherry ／櫻桃
新鮮櫻桃塔

使用滿滿水潤多汁的櫻桃，充滿春天氣息的塔派點心。
搭配加熱後甜度增加的櫻桃，讓美味程度加倍！

(spring)

Cherry／櫻桃
曲奇餅乾

曲奇鬆脆口感的祕密，就是高筋麵粉。
使用糖粉可以讓質地更加輕盈。可搭配喜歡的花嘴使用。

新鮮櫻桃塔

材料（15cm的塔模1個份）

櫻桃…約430g

[杏仁奶油餡（1個份150g）]

奶油（常溫）…55g

細砂糖…45g

蛋…1個

杏仁粉…60g

[塔皮（約1個份）]

奶油（常溫）…55g

糖粉…30g

杏仁粉…20g

低筋麵粉…75g

[卡士達醬（1個份150g）]

蛋黃…2個份

上白糖…25g

高筋麵粉…10g

牛奶…125g

[櫻桃糖漿]

櫻桃蒸餾酒…2大匙

水…1大匙

細砂糖…1g

前置準備

・摘除櫻桃果蒂，對半切開再去籽
・烤箱預熱至180℃

作法

❶ 製作杏仁奶油餡

將退冰至常溫的奶油放入缽盆中，用矽膠刮刀攪拌至美乃滋狀。加入細砂糖，以打蛋器攪打至泛白（參照P.21❷）。打入蛋攪拌均勻。加入杏仁粉，攪拌至沒有粉粒感後（**a**），放入冰箱中冷藏靜置鬆弛1小時左右。

❷ 製作塔皮麵團

與❶相同，將奶油攪拌至美乃滋狀後，加入糖粉，以矽膠刮刀攪拌至滑順狀。加入杏仁粉（**b**）攪拌混合後，篩入低筋麵粉。充分攪拌至沒有粉粒感後，將麵團收整成一團，以保鮮膜包覆起來（**c**），放入冰箱中冷藏靜置鬆弛1小時左右。

POINT 濕氣太重時糖粉容易結塊，攪拌時可以一邊用矽膠刮刀將其壓碎。

❸ 製作卡士達醬

將蛋黃及上白糖放入缽盆中，用打蛋器以按壓磨擦的方式混合。待上白糖融入蛋黃後，加入高筋麵粉，攪拌至沒有粉粒感。接著倒入牛奶繼續攪拌，均勻融合後覆蓋保鮮膜（**d**），放入微波爐以600W加熱1分30秒。拆下保鮮膜並快速攪拌均勻（**e**），再用同樣的方式加熱1分30秒，再次攪拌均勻（**f**）後加熱30秒。從微波爐中取出，充分地攪拌均勻之後（**g**），將其攤平在調理盤中。將保鮮膜直接覆蓋在卡士達醬上，到❺要使用之前，先放在冰箱中冷藏（**h**）。

❹ 製作塔皮及烘烤

將塔皮麵團擀成厚度3mm的圓形（參照P.87❹），貼合模具鋪上塔皮（**i**）。用刀將多餘的麵團切除（**j**），再用叉子在塔皮底部戳出氣孔，避免底部膨脹（**k**），接著放入冰箱冷藏約15分鐘。待塔皮完全冷卻之後，填入杏仁奶油餡，散放上5個份的櫻桃（**l**）。放入烤箱，以180℃烘烤約15分鐘，將其烤至金黃色。

❺ 製作櫻桃糖漿，擺上配料

將櫻桃糖漿的材料全部放入耐熱玻璃容器中，用微波爐以600W加熱30秒，使細砂糖融化。待❹的塔皮基底冷卻後，倒入櫻桃糖漿使其融入杏仁奶油餡中（**m**）。用叉子等器具將卡士達醬拌開，並塗抹在塔上，再擺上滿滿的櫻桃（**n**）。

(spring)

曲奇餅乾

材料（約30個／4cm）

櫻桃…15個

奶油（常溫）…175g

糖粉…70g

蛋白…30g

高筋麵粉…200g

前置準備

- 摘除櫻桃果蒂，對半切開再去籽
- 烤箱預熱至160℃

作法

❶ **混合奶油及糖粉**

將退冰至常溫的奶油放入缽盆中，以矽膠刮刀攪拌至美乃滋狀（參照P.21❷）。接著加入糖粉，攪拌至滑順狀。

❷ **加入蛋白及高筋麵粉攪拌混合**

倒入蛋白攪拌混合後，再加入高筋麵粉。攪拌至沒有粉粒感，麵糊出現光澤感後（**a**），放入擠花袋（搭配喜歡的花嘴）中。

❸ **擠出麵糊，放上櫻桃**

將烘焙紙或矽膠烤墊鋪在烤盤上，擠出圓形（**b**）。將櫻桃切面朝下，放在圓形的正中央，用手指將櫻桃稍微下壓（**c**）。

❹ **放入烤箱烘烤**

餅乾放入烤箱以160℃烘烤15分鐘左右。

(spring)

(summer)

(summer)

Pineapple
Watermelon
Peach
Blueberry

豔陽高照彷彿在宣告炎熱的暑季來臨。不妨以夏季水果的多汁果肉補充營養、生津止渴。本篇集結了發揮鳳梨、西瓜、桃子、藍莓美妙滋味的甜點，為夏日帶來一抹涼意。

糖漬鳳梨

搭配香甜多汁的鳳梨,更加突顯羅勒豐富的香氣。
醃漬鳳梨的糖水也很好喝唷!

材料（2人份）

鳳梨…1/2個（純果肉約300g）

羅勒葉…2枝

糖粉…30g

檸檬汁…1〜2小匙

作法

將鳳梨切成適口的大小。所有材料加入鉢盆中,大幅度地翻拌整體至糖粉完全融化。

Pineapple 鳳梨

(summer)

鳳梨酥派

將材料放在市售的冷凍派皮上烤一下就完成了！經過烘烤的鳳梨，不僅甜味提升，還帶點軟黏的口感，和香酥的派皮交織出豐富滋味。

材料（2人份）

鳳梨…純果肉約100g
冷凍派皮（市售／19×19cm）…1片
細砂糖…30g
奶油…30g

前置準備

・烤箱預熱至180℃

作法

❶ **切鳳梨**

用手折掉葉片，切除鳳梨的頭尾（**a**、**b**）。讓尾端垂直朝下，將鳳梨直立起來，由上往下將外皮削掉（**c**）。轉一圈將外皮削完之後，順著褐色斑點的方向以V字斜切，切除斑點（**d**）。斑點全部去除後，將鳳梨切出9片厚度為2～3mm的圓片（**e**）。

❷ **將材料放到派皮上**

為了讓派皮均勻受熱，要用叉子將派皮戳滿氣孔（**f**）。將9片鳳梨排列在派皮上，再撒上一半的細砂糖。接著散放上剝成小碎塊的半份奶油（**g**）。

POINT 如果將奶油和細砂糖一次全部放上去，會在派皮周圍融化並流失。因此，分成2次加入是一大重點。

❸ **二次烘烤派皮**

先將派皮放入烤箱以180℃烘烤15分鐘，接著放上剩餘的奶油及細砂糖（**h**），繼續烘烤大約25分鐘，烤至表面出現焦色。觀察一下派皮底部，底部也烤成金黃色就OK了！

Pineapple／鳳梨
翻轉鳳梨蛋糕

以骰子狀的鳳梨取代常見的片狀，是製作這道甜點的小巧思。
可以品嘗到鳳梨特有的紮實纖維感。

(summer)

翻轉鳳梨蛋糕

材料（15cm的圓模1個份）

鳳梨…純果肉200g

椰子絲…15g

[焦糖]

細砂糖…75g

水…2大匙

[蛋糕體]

奶油（常溫）…50g

細砂糖…50g

蛋…1個

杏仁粉…50g

低筋麵粉…50g

泡打粉…1小匙

優格…30g

前置準備

- 將可活動的圓模底板取出，先用手將烘焙紙捏成圓球狀，讓紙張變軟，再鋪到模具中。（參照P.15）。放回底板時，要注意別扯破烘焙紙（a、b）
- 鳳梨去皮，切除褐色斑點後，切成1.5cm立方
- 烤箱預熱至170℃

作法

❶ 製作焦糖，倒入模具中

將細砂糖及水放入鍋中，一邊轉動鍋子，一邊用大火將糖水煮成琥珀色的焦糖。倒入鋪好烘焙紙的模具中，在常溫中靜置10分鐘左右，待焦糖凝固。

❷ 加入鳳梨及椰子絲

將鳳梨和椰子絲攪拌混合，均勻地鋪平在凝固的焦糖上方（c）。

❸ 製作蛋糕麵糊

將退冰至常溫的奶油放入缽盆中，用矽膠刮刀攪拌至美乃滋狀。加入細砂糖，以打蛋器攪打至泛白（參照P.21❷）。打入蛋，將麵糊攪拌均勻，再加入杏仁粉攪拌混合。接著篩入低筋麵粉及泡打粉攪拌，在還帶有些許粉粒感時加入優格（d），再攪拌至沒有粉粒感，且帶有光澤的狀態。

❹ 放入烤箱烘烤

將❸的麵糊倒入❷的模具中（e），抹勻麵糊後放入烤箱以170℃烘烤45～55分鐘。當蛋糕烤出金黃色的裂痕時，用竹籤刺進蛋糕再抽出查看，竹籤上沒有殘留麵糊就可以從烤箱中取出。蛋糕放涼、冷卻後再脫模，並拆掉烘焙紙。

(summer)

Watermelon 西瓜

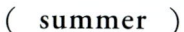

果凍

鮮紅的西瓜是夏日風景之一，用滿滿的西瓜開啟夏天模式吧！
將散發著茉莉香氣的果凍搗成碎冰狀，看起來更清涼了。

材料（4人份）

西瓜…純果肉約300g
水…400g
細砂糖…60g
茉莉花茶（茶葉）…5g
吉利丁（粉狀）…10g
檸檬汁…30g

前置準備

- 以4倍的水（分量外）浸泡吉利丁5～10分鐘，將其泡軟。倒入❷的材料前，用微波爐600W分次加熱，每次10秒，一邊觀察狀態，約加熱20秒，使吉利丁完全融化

作法

❶ **將西瓜切成小塊**

西瓜去籽，切成1cm立方。

❷ **製作果凍液**

將細砂糖和水200g放入鍋中，以中火加熱煮沸，待細砂糖融化後即可關火。放入茉莉花茶葉，蓋上鍋蓋或是用保鮮膜覆蓋，燜5分鐘，濾掉茶葉後將茶湯倒入缽盆中。接著在缽盆中倒入融化的吉利丁，用矽膠刮刀攪拌均勻。

❸ **和西瓜混合後，等待果凍凝固**

將檸檬汁和剩餘的水倒入❷的缽盆中攪拌混合。缽盆底再墊一盆冰水，放在常溫中待其冷卻。放入西瓜混合後，輕輕地將其倒入模具中。放入冰箱中冷藏4～5小時。

Watermelon ／西瓜

沙拉

西瓜很適合搭配同樣是葫蘆科的小黃瓜。
這道視覺和味覺都十分清爽的沙拉，在炎炎夏日裡非常開胃。

材料（3～4人份）

西瓜…1/8 個
小黃瓜…2 條
粗鹽…1 小匙
茅屋起司…100g
薄荷葉…15g
檸檬汁…2 小匙
橄欖油…2 大匙

作法

❶ **西瓜及小黃瓜的前置處理**

西瓜去籽，切成適口的大小。小黃瓜去皮，切成適口的大小。撒上粗鹽，靜置 2～3 分鐘。

POINT 將小黃瓜去皮，可以去除青澀味。

❷ **將所有材料拌勻**

將瀝乾水分的小黃瓜、茅屋起司、薄荷葉與檸檬汁放入缽盆中，攪拌混合。接著加入西瓜，淋上橄欖油。試吃味道後再以粗鹽（分量外）調味。

(summer)

Watermelon ／西瓜
果汁

以100％西瓜打成的濃郁西瓜汁，可以直接飲用，
也可以依喜好搭配氣泡水、蘭姆酒或琴酒。
絕對是夏日裡最棒的飲品！

材料（玻璃杯1杯份／200㎖）

西瓜…純果肉約200g

西瓜（裝飾用）…依喜好放置

作法

將西瓜去籽，放入果汁機攪拌。待西瓜變
成細緻滑順的果汁就完成了。

Peach 桃子

(summer)

茶漬蜜桃

以烏龍茶的豐厚風味點綴,讓桃子的香甜芳醇更具深度。
適當留下些許桃子果皮,享受不同口感的樂趣。

材料(2人份)

桃子…1個
烏龍茶(茶葉)…1/2小匙
糖粉…1大匙
檸檬汁…2小匙

作法

❶ **將桃子去皮,切成瓣狀**

沿著桃子中間切開一圈,將其分成2等分(**a**)。刀尖順著種子往上方切入撬開(**b**),將桃子對切兩半(**c**),再順著種子周圍切一圈,將種子取出(**d**)。去皮,切成適口大小的瓣狀(**e**)。

POINT 沒辦法用手去皮的話,用汆燙或是刀子去皮都OK。偏硬的桃子也可以連皮切成薄片,吃起來會更有口感。

❷ **將茶葉磨碎**

用研磨缽將茶葉磨成細粉(也可以用攪拌機)。

❸ **將所有材料混合醃漬**

將桃子、檸檬汁、糖粉跟烏龍茶葉放入缽盆中(**f**、**g**、**h**)。用手抓拌均勻後,放入冰箱中冷藏10分鐘左右。

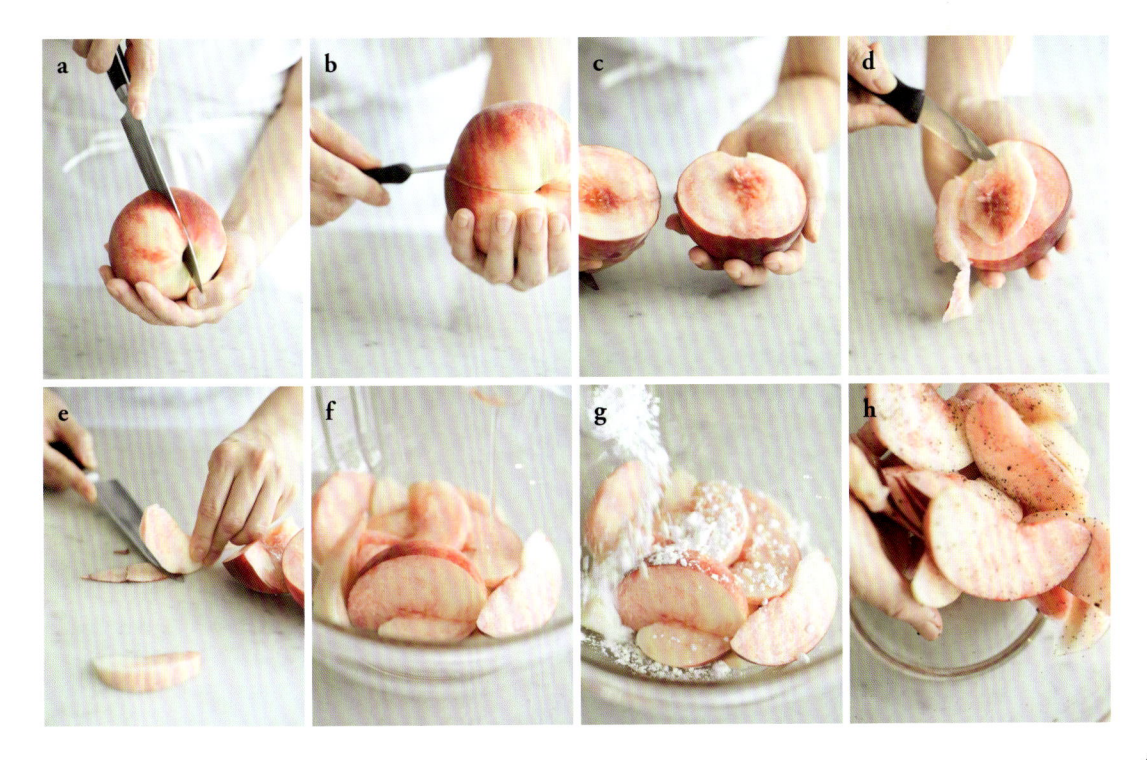

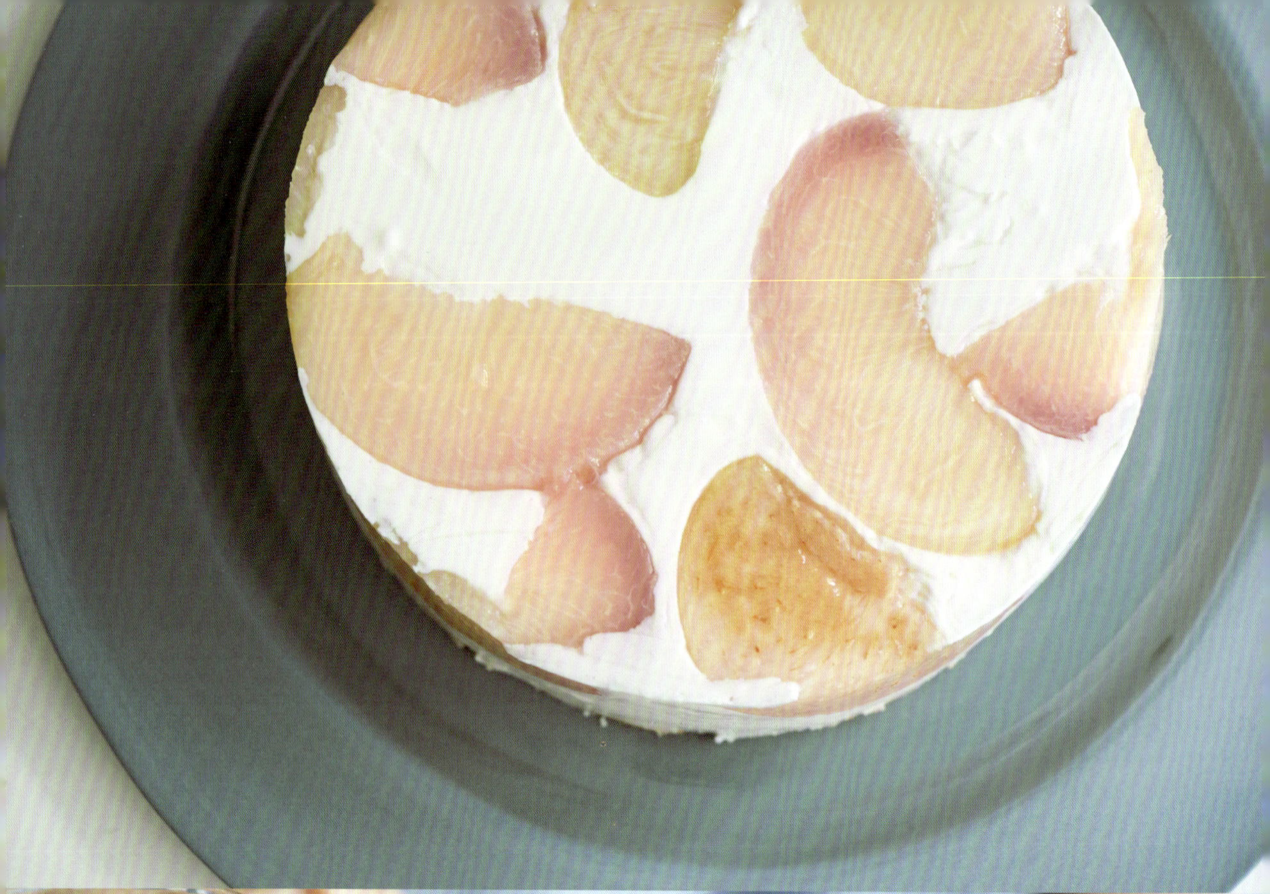

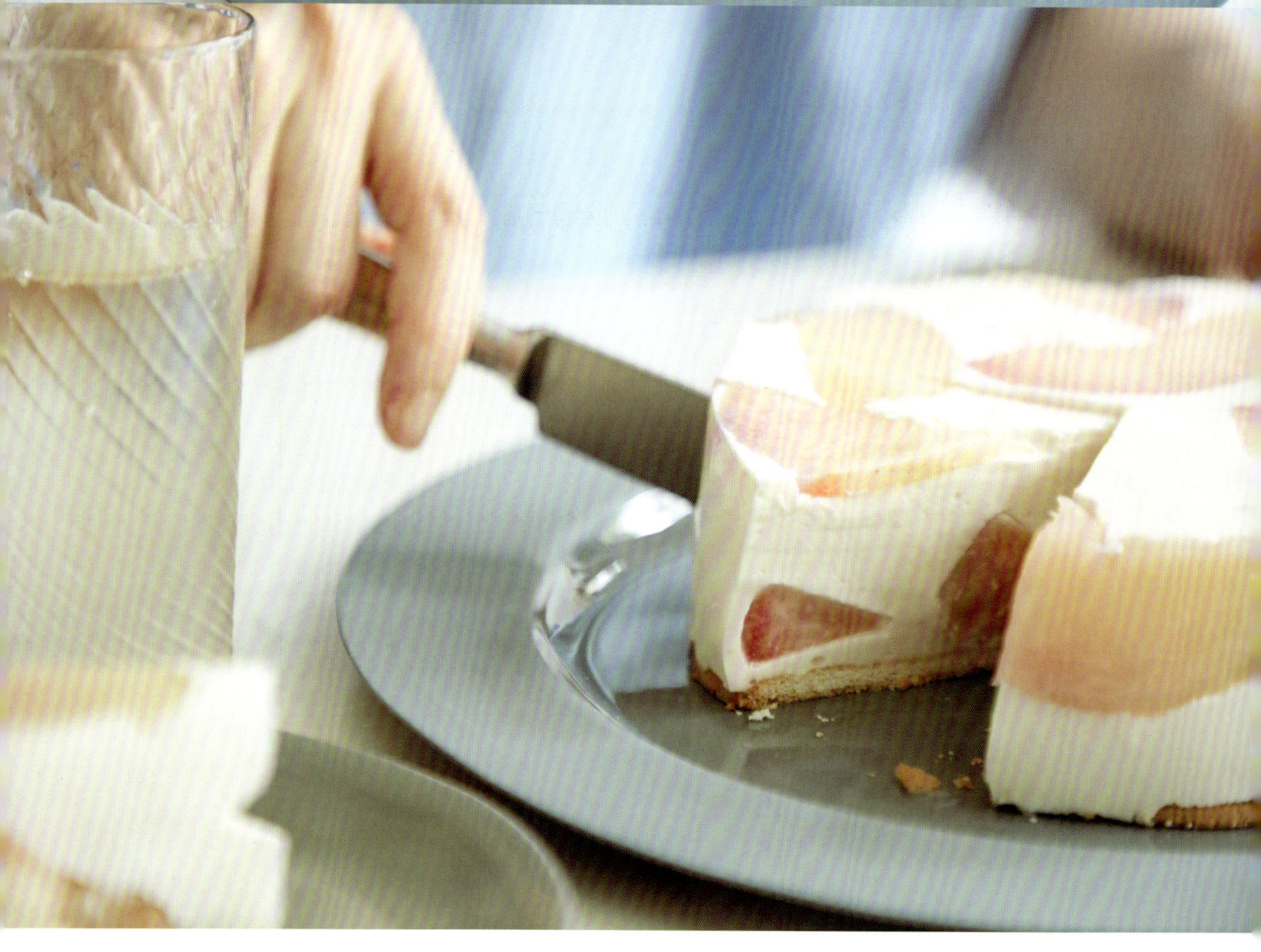

(summer)

Peach／桃子
生乳酪蛋糕

因為加了和奶油乳酪等量的優格，所以口感十分輕盈。
善用果皮和種子，就能品嘗到桃子最完整的美味。

材料（15cm的圓模1個份）

桃子⋯1個（約200g)　　　檸檬汁⋯5g
A｜細砂糖⋯40g　　　　　優格⋯160g
　｜水⋯40g　　　　　　　吉利丁（粉狀）⋯8g
　｜檸檬汁⋯5g　　　　　　鮮奶油⋯80g
奶油乳酪（常溫）⋯160g　　餅乾⋯6片
細砂糖⋯55g

前置準備

・配合模具形狀，在底部及側面貼上透明圍邊（a）
・以4倍的水（分量外）浸泡吉利丁5～10分鐘，將其泡軟。加入❷的材料前，用微波爐600W分次加熱，每次10秒，一邊觀察狀態，約加熱20秒，使其完全融化

作法

❶ **桃子的前置處理**

將桃子去皮，取出種子，將果皮、種子和A一起放入鍋中，稍微加熱煮出顏色（b）。將一半的桃子果肉切成薄片，其餘則切成瓣狀，後者再放入同一個鍋中，煮滾並稍待數十秒後關火（c）。取出果皮和種子，將鍋子泡入冷水中降溫。

❷ **製作起司蛋糕體**

將奶油乳酪放入缽盆中，以打蛋器攪拌至其軟化，接著加入細砂糖攪拌混合。依序加入檸檬汁、優格、融化的吉利丁，每次加入材料時都要充分攪拌，避免結塊。倒入鮮奶油攪拌混合後，倒入❶的桃子及煮汁（d），攪拌混合。

POINT　放入融化的吉利丁之前，可以先將一些乳酪糊放入吉利丁中攪拌混合，再放回全部的乳酪糊中，會更容易混合。

❸ **全部放入模具中，冷藏定形**

將切成薄片的桃子隨意地排列在貼有圍邊的模具內（e）。倒入乳酪蛋糕糊，再放入切成瓣狀的桃子（f、g）。用餅乾鋪滿表面（h），放入冰箱中冷藏6小時左右。脫模，拆掉圍邊。

44

(summer)

Peach／桃子
蜜桃蛋塔

用市售派皮製作蛋塔，頂端放上滿滿的多汁桃子。
在炎炎夏日裡，也很推薦先放進冰箱中冷藏，享用冰涼的蛋塔。

材料（約10個份［約8cm／瑪芬模具］）

桃子…1個
檸檬汁…1小匙
冷凍派皮（市售／19×19cm）…1片
蛋黃…3個
上白糖…40g
低筋麵粉…2大匙
牛奶…220g
鮮奶油…30g

前置準備

- 將桃子去籽，去皮（參照P.41❶），將桃子切成骰子狀。和檸檬汁拌勻備用
- 烤箱預熱至200℃

作法

❶ **將派皮捲起來，切塊**

將派皮從邊緣開始捲成一條麵團捲（a）。捲好之後，將收尾處確實黏緊。放入冰箱中冷藏大約10～15分鐘，待麵團鬆弛後，分切成厚度2cm的10等分塊狀（b）。

❷ **派皮放入模具中**

抹上手粉（高筋麵粉／分量外），將❶麵團捲的斷面朝上，用擀麵棍將其壓扁（c），延展成大約直徑10cm的圓片（d）。放入模具中並貼合模具形狀（e），在❹使用前，先放在冰箱冷藏備用。

❸ **製作卡士達醬**

將蛋黃及上白糖放入缽盆中，用打蛋器充分地攪拌混合。加入低筋麵粉，充分攪拌混合至沒有結塊，再倒入牛奶、鮮奶油攪拌混合（f）。覆蓋保鮮膜，放入微波爐以600W加熱2分鐘，中間暫時取出攪拌。再蓋上保鮮膜，繼續加熱2分鐘，充分攪拌至其呈現膏狀。

❹ **放入烤箱烘烤後放上桃子果肉**

將❸的卡士達醬放入❷的派皮中，每個填至8分滿（g）。放入烤箱中，以200℃烘烤20分鐘左右，將表面烤出焦色（h）。待蛋塔放涼之後即可脫模，使其完全冷卻。在蛋塔頂端放滿拌過檸檬汁的桃子果肉。

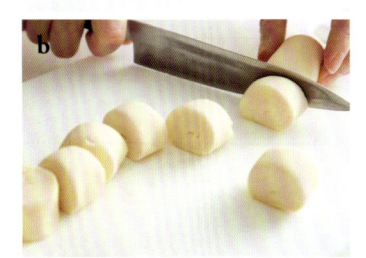

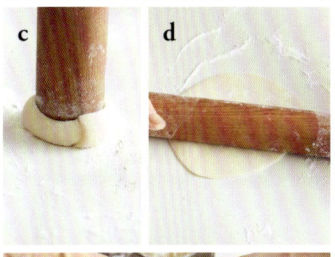

Blueberry 藍莓

芙朗塔

法國傳統甜點「芙朗塔（Flan）」，特色是質地比布丁還要濃郁厚實。
因為烘烤而融化的藍莓，讓芙朗塔吃起來更加柔滑美味。

(summer)

材料（16cm的深派模1個份）

藍莓…100g

[派皮]
奶油…60g
低筋麵粉…60g
高筋麵粉…60g
粗鹽…1/2小匙
水…25g

[布丁餡]
牛奶…360g
蛋…2個
細砂糖…125g
高筋麵粉…25g
玉米澱粉…7g

前置準備

- 將奶油切成1cm立方，粗鹽和水混合，兩者都放入冰箱中冷藏備用
- 烤箱預熱至180℃

作法

❶ **製作派皮**

將低筋麵粉及高筋麵粉放入缽盆中，用手翻拌混合。加入奶油（a），用手將其與麵粉搓揉混合成細粒（b）。待較大的奶油顆粒逐漸消失後，加入事先準備好的冰鎮鹽水，攪拌混合（c）。沒有粉粒感後，收整成一個麵團（d），再用保鮮膜包裹，放入冰箱中冷藏靜置鬆弛1～2小時。

❷ **派皮鋪進模具中烘烤**

在工作檯面撒上手粉（高筋麵粉／分量外），將麵團擀成符合模具尺寸的圓形（參照P.87❹）。將麵團鋪進派模中並貼合模具內側，將凸出的邊緣往下摺（e），切除多餘的部分。放入冰箱冷藏大約15分鐘，冰鎮派皮使其變硬。充分冰鎮後，放上烘焙重石（參照P.97❸），放入烤箱中以180℃盲烤約25分鐘。

❸ **製作布丁餡**

牛奶放入鍋中，加熱到接近沸騰的狀態。蛋打入缽盆中攪散後加入細砂糖，以打蛋器攪拌混合。加入高筋麵粉、玉米澱粉，攪拌混合後，倒入溫熱的牛奶繼續攪拌。

❹ **布丁餡放入派皮中烘烤**

再將❸的布丁餡放回鍋中，一邊用打蛋器攪拌（f），一邊用大火加熱將其煮熟（g）。關火，加入藍莓攪拌均勻，接著將餡料倒入❷的派皮中（h）。放入烤箱中以200℃烘烤20分鐘左右。待完全冷卻後，用刀具將烤模外側的派皮削掉，再將芙朗塔脫模。

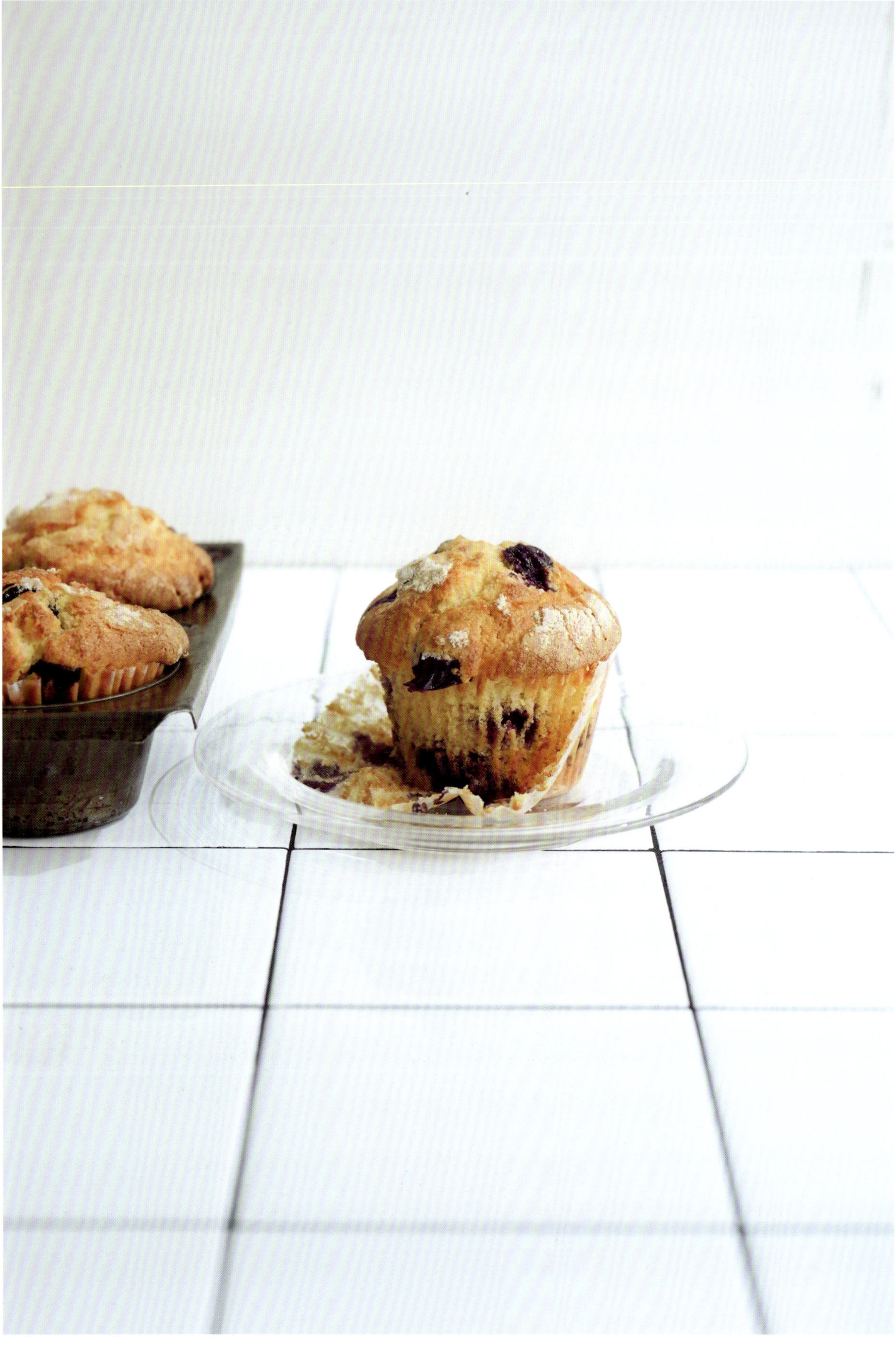

(summer)

Blueberry／藍莓
瑪芬

甜點中常見的瑪芬，特色是鬆軟的口感及溫潤的質地。
蛋糕體中使用黍砂糖，甜味也更加圓潤。

材料（6個份／瑪芬模具）

藍莓…100g

奶油（常溫）…75g

黍砂糖…90g

粗鹽…1g

蛋…2個

低筋麵粉…180g

泡打粉…2小匙

牛奶…80g

高筋麵粉…1大匙

黍砂糖（頂飾用）…1大匙

前置準備

・在瑪芬模具中鋪上紙模
・烤箱預熱至170℃

作法

❶ 將奶油、黍砂糖、粗鹽、蛋攪拌混合

將退冰至常溫的奶油放入缽盆中，用矽膠刮刀攪拌至美乃滋狀（參照P.21❷）。加入黍砂糖及粗鹽，用打蛋器以按壓磨擦的方式混合。將蛋逐一打入，並攪拌均勻。

❷ 加入粉類及牛奶，攪拌混合

將低筋麵粉、泡打粉過篩，加入缽盆中，以矽膠刮刀攪拌混合。攪拌至剩下一半的粉粒感時倒入牛奶（**a**），繼續充分地攪拌至麵糊出現光澤（**b**）。加入撒上高筋麵粉的藍莓，大幅度地翻拌混合（**c**）。

POINT 加入藍莓前麵糊就已經完成了，最後不太需要攪拌的動作。

❸ 麵糊倒入烤模

用湯匙將麵糊均分成6等分，放入烤模中。表面撒上黍砂糖（**d**）。

POINT 撒上黍砂糖可以讓瑪芬表面裹上一層美味的脆糖。

❹ 放入烤箱烘烤上色

放入烤箱，以170℃烘烤25～30分鐘左右，烤至表面裂痕變成淡淡的金黃色。用竹籤刺入瑪芬，取出時沒有沾黏濕麵糊就代表完成了（**e**）。放涼之後即可脫模。

(**autumn**)

Grapes
Pear
Fig

秋天的氣氛來臨，主角也隨之變成了葡萄、西洋梨、無花果等柔潤多汁且香醇的秋季水果。適合搭配香料也是這類水果的魅力所在。一邊享用香氣濃郁的點心，一邊感受逐漸變濃的秋意吧。

糖漬葡萄

在香甜的葡萄中加入辛香料,展現出大人的秋天滋味。
推薦使用可以連皮吃的葡萄品種。

材料(2人份)

葡萄(無籽／妃紅提)⋯1串(350g)

丁香⋯10粒

肉桂棒⋯1根

月桂葉⋯2片

糖粉⋯35g

檸檬汁⋯1～2小匙

作法

將葡萄對半切開,再用手將肉桂棒折成兩半,並且輕輕地壓碎。所有材料加入缽盆中,大幅度地翻拌整體至糖粉完全融化。

Grapes 葡萄

(autumn)

香烤葡萄塔

酥脆又入口即化的塔皮,風味樸實柔和,
更加襯托出葡萄的甜味。

材 料（直徑18cm的派盤1個份）

葡萄（無籽／巨峰）…7〜8顆

[塔皮]

奶油（常溫）…125g

糖粉…90g

蛋…1個

高筋麵粉…250g

泡打粉…2g

[杏仁奶油餡（容易製作的分量）]

奶油（常溫）…55g

細砂糖…45g

蛋…1個

杏仁粉…60g

糖粉（裝飾用）…適量

前置準備

- 從整串葡萄摘下需要的果實數量,連皮對半切開
- 烤箱預熱至180℃

作法

❶ 製作塔皮麵團

將退冰至常溫的奶油放入缽盆中,用矽膠刮刀攪拌至美乃滋狀。加入糖粉,以打蛋器攪打至滑順後,打入蛋並攪拌均勻。篩入高筋麵粉及泡打粉,攪拌至麵團沒有粉粒感後,以保鮮膜包覆起來,放入冰箱中冷藏靜置鬆弛1小時左右(**a**)。

❷ 製作杏仁奶油醬

將退冰至常溫的奶油放入缽盆中,用矽膠刮刀攪拌至美乃滋狀。加入細砂糖,以打蛋器攪打至泛白。打入蛋並攪拌均勻。加入杏仁粉,攪拌至沒有粉粒感後,放入冰箱中冷藏靜置1小時左右。

❸ 製作塔皮,烘烤

將塔皮麵團擀成大約直徑18cm的圓形（參照P.87❹）,邊緣用大拇指的指腹壓出一圈造型(**b**、**c**)。中央放上❷的50g杏仁奶油醬(**d**),接著在上方擺上葡萄(**e**)。放入烤箱,以180℃烘烤約20分鐘。烤至金黃酥脆後,將中央部分用缽盆等蓋住,在周圍撒上糖粉(**f**)。

Grapes／葡萄
司康

烘烤過後還能保持葡萄水潤的口感,隔天就用鬆軟的司康當作早餐吧!
表面脆脆的砂糖也是美味的重點。

(autumn)

司康

材料（6個份）

葡萄（無籽／妃紅提）…100g

酸奶油…90g

牛奶…100g

融化奶油…50g

（用微波爐500W分次加熱奶油，每次10～20秒，使其完全融化）

低筋麵粉…250g

泡打粉…7g

細砂糖…20g

粗鹽…1g

牛奶…1大匙

細砂糖（頂飾用）…1大匙

前置準備

・從整串葡萄摘下需要的果實數量，連皮對半切開
・烤箱預熱至170℃

作法

❶ **依序混合含有水分的材料**

將酸奶油放入缽盆中，用打蛋器攪拌混合至柔滑的狀態。接著倒入牛奶，充分地攪拌混合，再倒入融化奶油（a）混拌。

❷ **混合水分及粉類**

將低筋麵粉及泡打粉篩入缽盆中，加入❶的材料及細砂糖、粗鹽（b）。以矽膠刮刀混合至沒有粉粒、出現光澤感時，將麵團收整成一團。

❸ **揉製麵團，將其延展開來**

在作業檯面上撒上手粉（高筋麵粉／分量外）後，放上麵團，邊揉捏邊收整成團，重複大約5次（c）。用手將其壓扁延展成厚度3cm、面積約17×15cm後，用刀子對半切開。

❹ **加入葡萄，整形麵團**

在其中一塊麵團上擺上葡萄，再將另一片麵團蓋上去壓緊使其密合（d）。接著再將其切成一半，在其中一面放上剩餘的葡萄，再用同樣的方式蓋上另一片麵團壓緊（e）。用手由上往下壓，將麵團延展成3cm的厚度（f）。

❺ **切成6等分後烘烤**

用薄刀削掉周圍多餘的部分，再分切成6等分（g）。切下來的部分可以再集中成一塊。表面塗上牛奶，沾上頂飾用的細砂糖（h），放到烤盤上。放入170℃的烤箱中，烘烤17分鐘。

(autumn)

Grapes／葡萄

義式油炸葡萄

請一定要試試看，義式油炸（Fritto）和葡萄激盪出來的嶄新滋味。
撒上些許的鹽，也很適合下酒唷！

材料（容易製作的分量）

葡萄（無籽／貓眼、晴王麝香）
　…各10顆
低筋麵粉…55g
氣泡水…90g
油…適量
結晶鹽…依喜好添加

作法

❶ **製作麵衣**

　將低筋麵粉、氣泡水放入缽盆中，充分地攪拌均勻（**a**）。攪拌至沒有結塊的顆粒就OK了。

❷ **裹上麵衣，油炸**

　將葡萄裹上麵衣（**b**），以170℃左右的中溫油炸，將麵衣炸至酥脆（**c**）。可依喜好撒上結晶鹽。

57

Pear 西洋梨

(autumn)

奶油烤洋梨

整顆放入烤箱中慢烤，完整保留西洋梨的美味。
散發著奶油香氣的烤西洋梨，是道醇厚溫暖的秋日甜品。

材料（2人份）

西洋梨…2個
奶油（常溫）…20g
細砂糖…20g
蘭姆酒…1小匙

前置準備

・烤箱預熱至180℃

作法

❶ 挖除西洋梨的蒂頭及底部

用水果去芯器（沒有的話就用量匙等工具）挖除西洋梨的蒂頭及底部（**a**、**b**）。果蒂的部分需要再用小刀稍微挖深一點（**c**、**d**）。

❷ 以烤箱烘烤

將退冰至常溫的奶油放入缽盆中，以矽膠刮刀攪拌至美乃滋狀（參照P.21❷）。加入細砂糖、蘭姆酒，以矽膠刮刀攪拌混合後，填入挖除蒂頭後的凹洞（**e**、**f**）之中。接著放入烤箱，以180℃烘烤35分鐘。

Pear／西洋梨

翻轉洋梨派

奢侈地使用了大量的西洋梨，
充分吸收了焦糖的微苦。祕訣是使用偏硬的西洋梨。

(autumn)

材料（16cm的深派模1個份）

西洋梨…3個（全部約600g）
細砂糖…60g
奶油…30g

[派皮]
低筋麵粉…100g
奶油…50g
粗鹽…1/2小匙
水…20g

前置準備

- 將奶油切成1cm立方，粗鹽和水混合。兩者都放入冰箱中冷藏備用
- 烤箱預熱至180℃

作法

❶ **製作派皮麵團**

依照P.47 ❶的作法製作派皮麵團。將低筋麵粉及奶油放入缽盆中，用手將其搓揉混合成細粒（**a**）。待較大的奶油顆粒逐漸消失後，倒入事先準備好的冰鎮鹽水，攪拌至沒有粉粒感後，收整成一個麵團，再用保鮮膜包裹，放入冰箱中冷藏靜置鬆弛1～2小時。

❷ **將西洋梨切塊，排列至模具中**

將西洋梨去皮（**b**）後對半切開，去除粗纖維和種子（**c**、**d**），再縱切對半，讓果肉立在模具中。

❸ **製作焦糖，烘烤西洋梨**

將細砂糖、奶油放入鍋中，以大火加熱。一邊攪拌一邊加熱至深褐色，變成焦糖（**e**），再淋到西洋梨上（**f**）。放入烤箱，以180℃烘烤20分鐘。從烤箱中取出後，將西洋梨上下翻面（**g**），再烤40分鐘。

❹ **蓋上派皮，接著烘烤**

西洋梨烤熟後，從❶取出100g的麵團中，擀出符合模具形狀、厚度3mm的圓形（參照P.87 ❹）。接著將派皮蓋到❸的模具上（**h**），用叉子將整圈邊緣壓緊（**i**）、戳出幾個氣孔（**j**）。將派烤好大約需要20分鐘。烤好之後在室溫中放涼，就可以脫模，分切。

POINT 剩餘的麵團也可以用來做塔皮！

(autumn)

Pear ／西洋梨
藍紋乳酪洋梨吐司

使用偏硬的西洋梨製作，可以品嘗到日本梨子般的清爽風味。
如果用熟透的西洋梨，則會是入口即化的濃厚風味。可依個人喜好選擇。

材料（2片份）

西洋梨…1個
吐司…2片
藍紋乳酪…50g
蜂蜜…2大匙

作法

❶ **進行前置準備**
將吐司烤至輕微上色。西洋梨去皮，去除種子及粗纖維，切成薄片。藍紋乳酪剝成小塊

❷ **將材料放到吐司上烘烤**
將西洋梨和藍紋乳酪分成半分，分別放到2片烤過的吐司上，再將帶料的吐司放到烤箱中加熱。烤好之後，淋上蜂蜜。

Pear／西洋梨

紅酒洋梨果凍

透過紅酒燉煮的過程，為色澤及風味增添了層次感。
依喜好更換為白酒也很美味。

材料（2人份）

西洋梨…2個

紅酒…200g

水…300g

細砂糖…80g

檸檬汁…25g

吉利丁（粉狀）…10g

前置準備

- 以4倍的水（分量外）浸泡吉利丁5～10分鐘，將其泡軟。加入❷的材料前，用微波爐600W分次加熱，每次10秒，一邊觀察狀態，約加熱20秒，使其完全融化

(autumn)

作法

❶ **鍋煮10分鐘後，冰鎮**

將去皮的西洋梨、紅酒、水、細砂糖、檸檬汁一起放入鍋中（a）。蓋上落蓋，開火加熱，煮沸後轉成小火繼續燉煮10分鐘（b／若是偏硬的西洋梨建議燉煮15分鐘）。待放涼之後，就可以連同鍋子一起放入冰箱冷藏2小時左右。

❷ **將湯汁做成果凍**

從❶取出約1杯的燉煮湯汁，加入融化的吉利丁，充分地攪拌使其溶入湯汁中。接著將混入吉利丁的湯汁倒入燉煮西洋梨的湯汁（400㎖）中（西洋梨果肉在享用前都先冰在冰箱中），將整體攪拌均勻後，將湯汁倒入調理盤之類的容器中，冷藏6小時待其凝固。之後再用叉子將其搗碎，連同果肉一起盛盤。

65

Fig 無花果

肉桂無花果
雙層蛋糕

蛋糕表面和內餡都有無花果,可以品嘗到2種不同的味道。
過程中還會蹦出融化的肉桂糖液!

(autumn)

材料（15cm的圓模1個份）

無花果…150g

高筋麵粉…少許

[肉桂糖]

黍砂糖…30g

肉桂粉…1/2小匙

融化奶油…8g
（用微波爐500W分次加熱奶油，每次10～20秒，使其完全融化）

[蛋糕麵糊]

奶油（常溫）…60g

酸奶油…60g

細砂糖…110g

粗鹽…1g

蛋…1個

低筋麵粉…80g

高筋麵粉…75g

泡打粉…1小匙

小蘇打…1/4小匙

牛奶…80g

前置準備

- 切除無花果的蒂頭及底部，其中一顆切成圓片狀，其餘的分切成4～6等瓣狀
- 將肉桂糖的材料全部攪拌混合備用
- 配合模具尺寸在其中鋪上烘焙紙
- 烤箱預熱至170℃

作法

❶ **製作蛋糕糊**

將退冰至常溫的奶油放入缽盆中，用矽膠刮刀攪拌至美乃滋狀（參照P.21❷）。加入酸奶油，以打蛋器攪拌混合。接著加入細砂糖及粗鹽，攪拌至泛白（**a**）。將蛋打入缽盆中，攪拌均勻。

❷ **加入粉類，攪拌成麵糊**

將低筋麵粉、高筋麵粉、泡打粉以及小蘇打粉攪拌混合之後，取出其中一半，篩入❶的缽盆中，用打蛋器攪拌均勻。倒入牛奶攪拌混合（**b**），攪拌均勻至沒有粉粒感後，再加入剩餘的粉類，用矽膠刮刀攪拌至出現光澤感（**c**）。

❸ **將無花果及麵糊放入烤模中**

在鋪有烘焙紙的模具中，倒入1/3份麵糊（**d**）。將無花果裹上高筋麵粉後，鋪滿烤模（**e**）。接著再倒入剩餘麵糊的一半，覆蓋住無花果（**f**）。

❹ **放入烤箱烘烤**

在❸的麵糊上撒滿肉桂糖，再輕輕地鋪上剩餘的麵糊（**g**）。表面擺上切成圓片的無花果後（**h**），放入烤箱，以170℃烘烤45～55分鐘。脫模後靜置待其冷卻。

POINT 最後倒入麵糊時，如果太大力下壓肉桂糖會和麵糊混在一起，因此，最後一層麵糊要輕輕地鋪上去。

Fig／無花果

熱烤無花果佐茅屋起司

只要切、夾、烤就完成的甜點！利用香濃的茅屋起司與無花果的自然甘甜，交織出醇厚豐富的美味。

材料（1人份）

無花果…2個
茅屋起司…50g
細砂糖…1大匙
蜂蜜…依喜好添加

前置準備

・烤箱預熱至180℃

作法

❶ **熱烤的前置作業**
去除無花果的蒂頭，以十字的方式切出開口。將無花果放入焗烤盤中，在開口中填入茅屋起司（a），撒上細砂糖（b）。

❷ **放入烤箱烘烤**
放入烤箱，以180℃烘烤20分鐘。烤好之後，可依喜好淋上蜂蜜。

(autumn)

Fig／無花果
烤布蕾

柔滑濃郁的卡士達醬搭配以炙燒增添風味的無花果，
簡直就是最佳拍檔。享用完全冰鎮後的美味。

材料（圓形焗烤盤直徑13cm
4個份／80㎖）

無花果…2個

細砂糖…適量

[布蕾液]

鮮奶油…225g

牛奶…75g

蛋黃…3個

細砂糖…45g

前置準備

- 切除無花果的蒂頭及尾端後，切成2等分
- 烤箱預熱至130℃

作法

❶ **製作布蕾液**

將鮮奶油、牛奶放入鍋中混合，加熱至接近沸騰的狀態，接著將鍋中液體加入混合了蛋黃以及細砂糖的缽盆中，以打蛋器攪拌混合好之後（**a**），稍微靜置一段時間。

❷ **用烤箱蒸烤**

在4個器皿中分別放入1/2個無花果，接著將❶的布蕾液均勻分配至器皿中。接著在耐熱烤盤中倒入1cm高的溫水，再放入烤模。接著用鋁箔紙將整個烤盤完整覆蓋，不留縫隙（**b**）。放入烤箱，以130℃加熱30分鐘。取出後立即吹涼降溫，再放入冰箱中冷藏（約1小時）。

❸ **炙燒後冷藏**

在❷的布蕾表面均勻地撒上細砂糖，用噴槍炙燒使其焦糖化（**c**）。因為炙燒過程會使布蕾整體變熱，所以還是要放回冰箱冷藏過再吃（冰到焦糖變硬脆即可）。

＊一定要在耐熱的烤盤或烤墊上烘烤

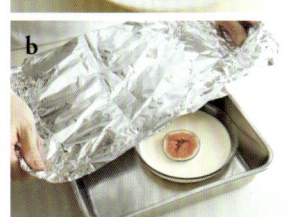

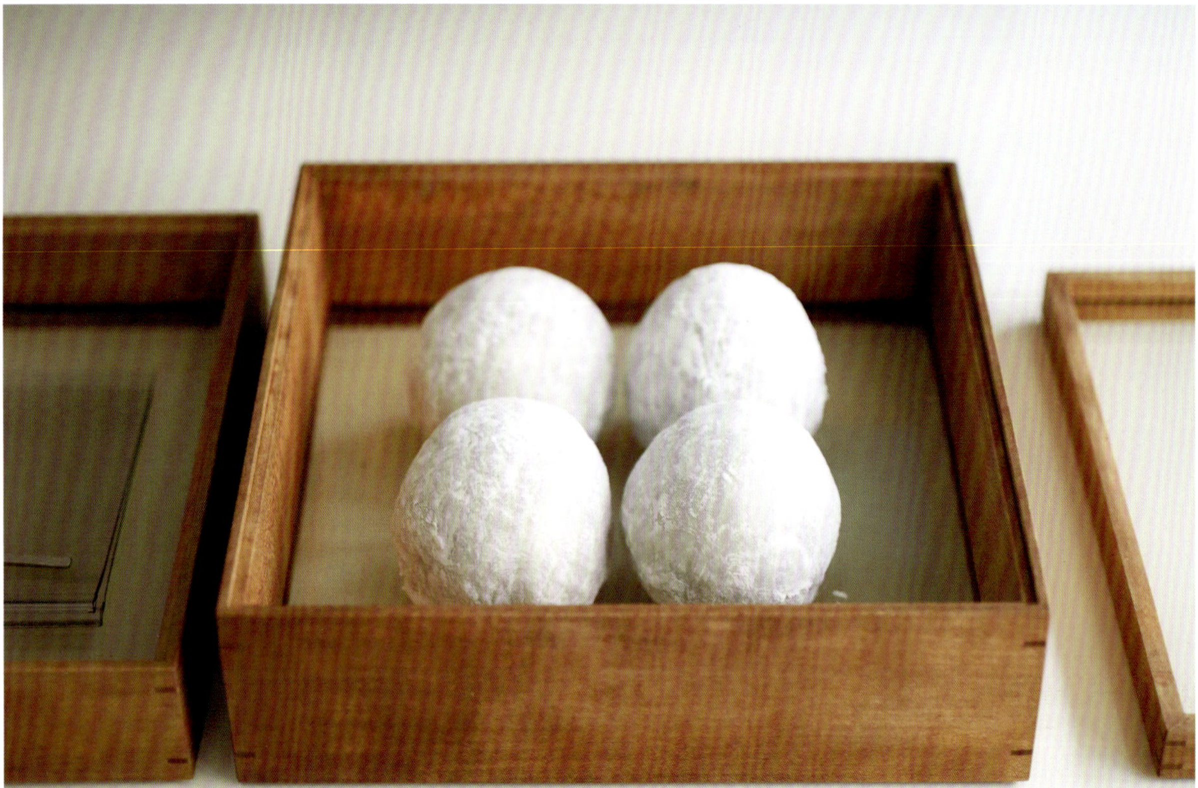

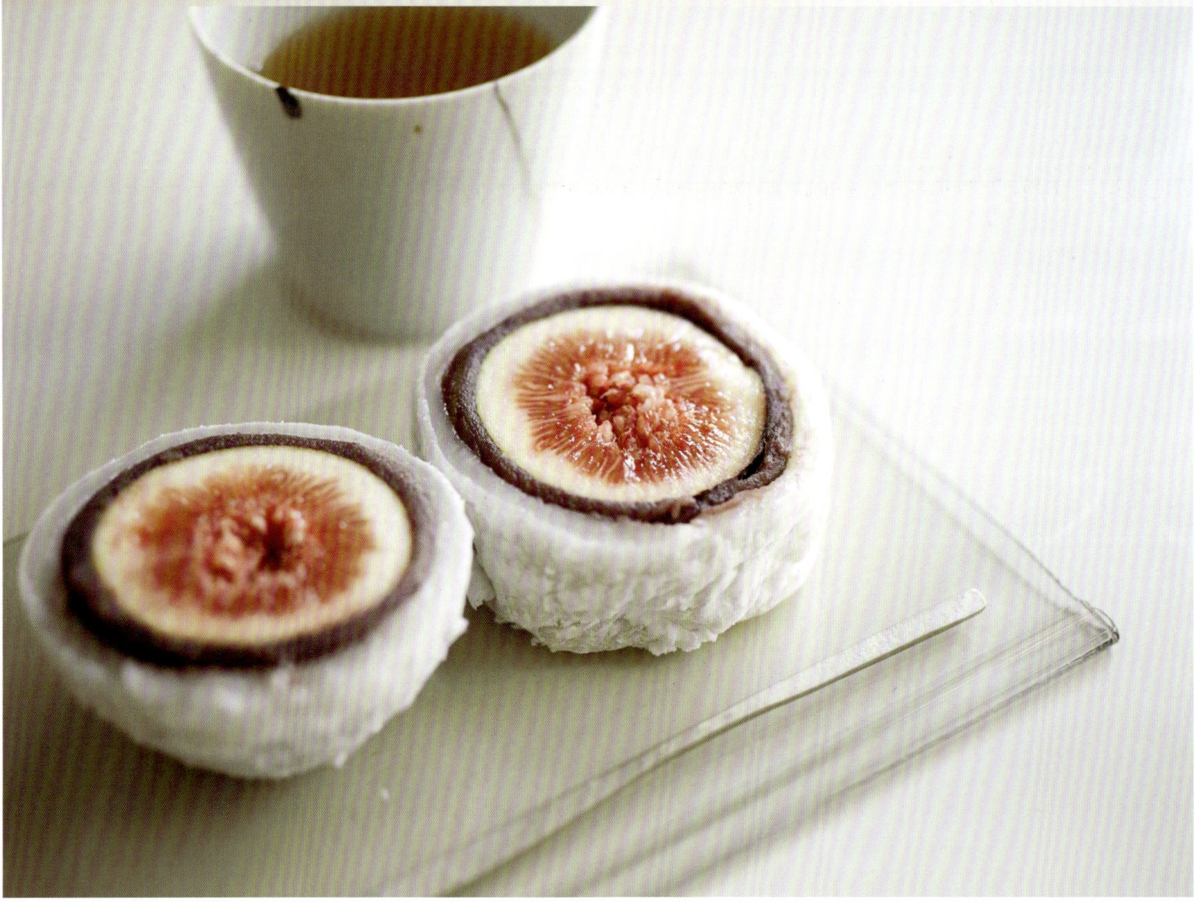

(autumn)

Fig／無花果
水果大福

雪白的大福餅皮，柔軟到彷彿會在口中化開。
此外，還能奢侈地享用到整顆新鮮無花果。

材料（4個份）

無花果…4個
紅豆沙…180g
白玉粉…100g
上白糖…50g
水…150g
片栗粉…適量

作法

❶ **以豆沙包裹無花果**

用微波爐600W將豆沙餡加熱2分鐘，稍微將水分蒸發使其變硬。放涼之後分成4份45g的團狀再壓平，分別包入1個切除果蒂及其底部的無花果（**a**）。

POINT 豆沙含有水分的話會變得黏黏的，因此要先讓水分蒸發。將豆沙壓成比無花果稍大一點的圓薄片狀，無花果放在中央後，用手指將豆沙餡由下往上繼續壓扁延展，使無花果被一層薄薄的豆沙餡均勻包覆。

❷ **製作大福皮**

將白玉粉、上白糖放入耐熱的缽盆中混合，用手指將較大的顆粒壓碎。倒入水75g，用矽膠刮刀以壓碎粉粒的手法將其混合均勻（**b**）。用保鮮膜將粉團包裹起來，以微波爐600W加熱1分鐘，再加入剩餘的水，攪拌至表面光滑（**c**）。再用保鮮膜包裹，以600W加熱1分鐘，攪拌均勻。再次用600W加熱1分鐘，一直揉拌至出現透明感（**d**）。

POINT 先將白玉粉及上白糖的大顆粒壓碎，可以讓水分更容易被吸收，變成柔軟的大福皮。

❸ **用大福皮包裹無花果**

趁大福皮還是溫熱的時候放到片栗粉上（**e**），沾滿片栗粉。放涼之後，用手將大福皮壓扁延展開來（**f**），以刮板或刀子將其分成4等分。將切好的大福皮延展至7cm左右的尺寸，再將❶的無花果頂端朝下，置於餅皮中央，包裹起來（**g**）。將開口處（餅皮的底部）捏住，扯掉多餘的部分，封住開口（**h**），再沾上片栗粉。以同樣的方法製作4個大福，最後靜置約10分鐘。

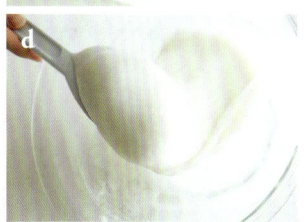

(autumn)

(winter)

(winter)

Strawberry
Apple
Citrus

冬季，以聖誕節為開端，是個熱鬧活動特別多的季節。在這些特別的日子裡甜點必不可少。在甜點中大方地使用正值美味季節的草莓、蘋果、柑橘，也為與至親好友共度的時光增色不少。

糖漬草莓

在草莓的酸甜滋味中,百里香的微苦有著畫龍點睛的效果。
以優格代替淋醬也很美味唷。

材料(2人份)

草莓…1盒(約200g)
百里香(或羅勒)…3根
糖粉…25g
檸檬汁…1大匙
白酒…1大匙

作法

切除草莓果蒂,再對半切開。將全部的材料放入缽盆中,大幅度地翻拌整體至糖粉完全融化。

Strawberry 草莓

(winter)

白巧克力布朗尼

讓適合搭配草莓的白巧克力融入麵糊中，
做出濕潤的口感。配上香脆的腰果也很搭。

材料（16cm的正方形模具1個份）

草莓…75g
奶油…85g
白巧克力…140g
細砂糖…135g
蛋…90g
低筋麵粉…140g
泡打粉…1/2小匙
腰果…50g

前置準備

- 將草莓蒂頭切除，再對半切開
- 模具中鋪上烘焙紙（參照P.127）
- 烤箱預熱至160℃

作法

❶ **將奶油及白巧克力乳化**

在缽盆中依序放入奶油及白巧克力，隔水加熱使其融化。停止隔水加熱後，以打蛋器將奶油及白巧克力充分地攪拌混合，使其乳化（**a**）。

POINT 為了避免讓白巧克力燒焦，可以將其放在奶油上，使用沒有沸騰的熱水隔水加熱。

❷ **依序加入細砂糖、蛋，攪拌混合**

加入細砂糖，以打蛋器攪拌混合。將蛋打入缽盆中，充分地攪拌均勻（**b**）。

❸ **依序加入粉類、腰果，攪拌混合**

篩入低筋麵粉及泡打粉（**c**），用打蛋器順著缽盆側面攪拌，大幅地慢慢翻拌混合（**d**），再加入腰果用矽膠刮刀切拌混合。

❹ **將麵糊倒入模具中，用草莓裝飾表面**

用麵糊填滿鋪好烘焙紙的模具中，表面抹平後，將對半切開的草莓，切面朝上擺放在表面（**e**）。

POINT 讓草莓切面朝上，還可以把水分烘乾，吃起來就不會濕濕黏黏的。

❺ **放入烤箱烘烤**

將模具放在烤網上，放入烤箱，以160℃烘烤60分鐘。烤到45分鐘時，將烤盤內外轉向，再繼續烘烤15分鐘。待出爐放涼之後，即可脫模冷卻。

POINT 用竹籤刺進蛋糕再抽出看看，竹籤上沒有殘留的麵糊就完成了（**f**）。

Strawberry／草莓
歐姆蕾蛋糕捲

將滿滿的鮮奶油和草莓包裹在
鬆軟的海綿蛋糕中,大口享用。
內餡替換成香蕉等其他水果也很不錯!

(winter)

材料（5個份[15cm的圓模1個份]）

草莓…1盒

[傑諾瓦士海綿蛋糕]

蛋…2個

上白糖…60g

低筋麵粉…60g

融化奶油…15g
（用微波爐500W分次加熱奶油，每次10～20秒，使其完全融化）

牛奶…15g

[鮮奶油霜]

鮮奶油…200g

糖粉…20g

前置準備

- 將草莓蒂頭切除，再對半切開
- 模具中鋪上烘焙紙（a）
- 烤箱預熱至170℃

作法

❶ **將蛋及上白糖攪拌混合**

將蛋打入缽盆中，以打蛋器攪散後，加入上白糖攪拌均勻。

❷ **一邊隔水加熱，一邊攪打起泡**

一邊用小火將缽盆隔水加熱，一邊用手持電動攪拌機以最高速將蛋液攪打發泡。攪打至整體變得泛白蓬鬆，泡沫會殘留攪拌機扇葉的痕跡、撈起時會垂落緞帶狀的線條，垂落在缽盆內的痕跡會稍微停留一下才消失就OK了（b）。接著換成打蛋器，從盆底大幅地翻拌，讓氣泡的紋理更加均勻（c）。

❸ **加入低筋麵粉、融化奶油、牛奶攪拌混合**

停止隔水加熱，將低筋麵粉過篩加入缽盆中（d），從盆底往上大幅地翻拌混合。攪拌至沒有粉粒感後，倒入融化奶油及牛奶，用同樣的方式翻拌。翻拌至看不出奶油的痕跡、麵糊出現光澤感就OK了（e）。

❹ **麵糊放入烤箱烘烤**

將麵糊倒入模具後，拿起模具從低處往工作檯面落下，敲出麵糊裡多餘的空氣。放入烤箱中以170℃烘烤30分鐘左右。

❺ **蛋糕體靜置冷卻**

烤好之後再與上述方法相同般敲一下烤模，接著倒扣在網架上脫模。在烘焙紙未拆的狀態下靜置冷卻大約5分鐘，接著再上下翻面繼續放涼。待蛋糕完全冷卻後，取下烘焙紙，用刀具將表面的褐色部分削除（f）。

POINT 翻面放涼，可以讓蛋糕的表面平整。

組合

❻ **製作8分發的鮮奶油霜**

將蛋糕切成5片厚度1cm的圓片。將鮮奶油及糖粉放入缽盆中，用手持電動攪拌機將其攪打至8分發（拿起攪拌機，鮮奶油霜沒有從扇葉上垂落就OK／g）。接著用打蛋器將鮮奶油霜攪拌均勻，再填入擠花袋中。

❼ **夾入鮮奶油霜及草莓**

在蛋糕圓片中央擠上鮮奶油霜（h），放上5～6個草莓後，接合蛋糕片的兩端，將內餡包夾起來。

Strawberry／草莓

鮮奶油蛋糕

使用和歐姆蕾蛋糕捲同樣的蛋糕體來製作鮮奶油蛋糕。
要注意的是,不斷重複塗抹會使鮮奶油霜質地變粗糙。

(winter)

鮮奶油蛋糕

材料（15cm的圓模1個份）

草莓…1盒（約250g／小顆的話可以用約6個做裝飾，100g用來做糖漿，剩餘的做內餡）

糖粉（糖漿用）…50g

[傑諾瓦士海綿蛋糕]

同P.79[歐姆蕾蛋糕捲]

[鮮奶油霜／抹面用]

鮮奶油…300g（參照P.126）

糖粉…30g

[鮮奶油霜／裝飾用]

鮮奶油…50g

糖粉…5g

百里香…2根

前置準備

- 將草莓蒂頭切除，分成裝飾用、糖漿用、內餡用。裝飾用的草莓如果比較大顆，可以對半切開。內餡用草莓則切成1cm厚的薄片
- 製作糖漿：將糖漿用的草莓放入缽盆中，用叉子等器具壓成果泥狀。加入50g糖粉攪拌混合就完成了

作法

❶ **烘烤海綿蛋糕**

依照P.79的「歐姆蕾蛋糕捲」的作法，製作1個海綿蛋糕。冷卻後，將蛋糕切成3個1.5cm厚度的圓片（**a**）。

組合

❷ **製作8分發的鮮奶油霜**

將[抹面用]的鮮奶油霜材料放入缽盆中，用手持電動攪拌機攪打至8分發（參照P.79❻）。

❸ **將2層蛋糕組合起來**

將3片蛋糕的單面分別用湯匙塗上糖漿，讓糖漿滲入蛋糕中。將第一片蛋糕塗上一層平整的鮮奶油霜（**b**），擺上切片草莓。再塗上一層鮮奶油霜（**c**）後，蓋上第二片蛋糕。從上方輕壓，使鮮奶油霜平整後，第二片蛋糕上也用同樣的方式塗上鮮奶油霜並擺上草莓切片。

❹ **整體塗上2層鮮奶油霜**

蓋上第三片蛋糕後，用半份剩餘的鮮奶油霜塗滿整個蛋糕表面（**d**）。接著再用剩餘的鮮奶油霜塗抹一次表面（**e**）。

❺ **用半液狀的鮮奶油霜完成裝飾**

將[裝飾用]的7分發鮮奶油霜（**f**／參照P.19的「前置準備」）放在蛋糕上（**g**）。輕輕地將這些鮮奶油霜在表面抹開，將整個蛋糕拿起來輕敲檯面，讓鮮奶油霜自然地從側面垂落（**h**）。最後放上裝飾用的草莓及百里香就完成了。

(winter)

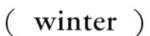

Strawberry ／草莓
漂浮蘇打

用叉子戳一戳，將草莓搗碎就OK，準備起來超輕鬆！
氣泡水加上融化的冰淇淋，更加突顯了草莓的美味。

材料（2個玻璃杯／約200㎖）

草莓…100g

上白糖…20g

氣泡水…100㎖

香草冰淇淋
　…分量依喜好添加

作法

❶ **將草莓搗成果泥狀**

將去除果蒂的草莓放入玻璃杯中，用叉子充分搗碎。加入上白糖，繼續搗碎至看不見塊狀果肉，變成果泥狀。

❷ **倒入氣泡水，放上冰淇淋**

將滿滿的冰塊（分量外）放入玻璃杯中，從冰塊上方慢慢地倒入氣泡水。放上香草冰淇淋，分量依喜好增減。

Apple 蘋果

(winter)

Apple／蘋果
蘋果派

切好蘋果就OK，完全不用烤模！作法輕鬆，且不同於常見的蘋果派，
這款蘋果派更能品嘗到蘋果的新鮮度，口感也更輕盈。

(winter)

材料（直徑18cm的派盤1個份）

[派皮]

低筋麵粉…140g

細砂糖…5g

粗鹽…1g

奶油…70g

冷水（用冰塊降溫）…20g

醋…5g

蘋果…300g

小荳蔻…5顆（或用肉桂）

細砂糖…80g

奶油…30g

酸奶油…依喜好添加

前置準備

- 將[派皮]用的奶油切成1cm立方，放入冰箱冷藏備用
- 將小荳蔻剝開，去皮，敲碎種子
- 烤箱預熱至200℃

作法

❶ **製作派皮麵團**

將低筋麵粉、細砂糖、粗鹽放入缽盆中，用手稍微攪拌，加入1cm立方的冰奶油。用指腹將奶油壓碎，並以雙手將其搓揉成小粒，快速地和麵粉混合（**a**）。

❷ **使整體融合，收整成團**

倒入冷水及醋，用手大幅地翻拌，讓材料整體融合。大致拌成鬆散狀之後（**b**），將其集中用手捏（**c**）成一個麵團。

POINT 沒辦法成團的話，可以再加一點冷水調整。

❸ **充分揉捏後，靜置使麵團鬆弛**

一邊收整，一邊將麵團揉至看不見粉粒感，接著用保鮮膜包裹起來，放入冰箱中冷藏靜置鬆弛1～2小時（**d**）。

POINT 派皮可以冷凍保存2個月。要用時再拿出來解凍，調整形狀。

❹ **蘋果切薄片，擀開派皮**

蘋果對半切開，去除種子的部分，切成厚度2mm的片狀。將❸中鬆弛過的麵團取出並擀成厚度3mm左右的圓形。

POINT 將麵團擀成圓形時，可以撒上手粉（高筋麵粉／分量外／**e**），以放射狀的方向一邊轉動麵團，一邊滾動擀麵棍（**f**、**g**）。

❺ **將配料放到派皮上**

在派皮上將蘋果片排列成圓形，撒上壓碎的小荳蔻，用40g細砂糖撒滿表面，再撒上15g剝成小碎塊的奶油（參照P.85）。將麵團外緣反折回來蓋住蘋果外緣。

❻ **放入烤箱烘烤**

放入烤箱以200℃烘烤45分鐘。烤到30分鐘時，撒上剩餘的細砂糖及奶油，將烤盤內外轉向，繼續烘烤10～15分鐘。烤好之後，可依喜好添加酸奶油。

Apple／蘋果
法式軟糖

原文為 pâte de fruit 的法式軟糖,是用水果泥及果汁凝固製成的凍類點心。
咬一口就可以感覺到濃縮的蘋果香甜在口中擴散開來。

(winter)

材料（3cm立方25個份[15×15cm方模]）　＊常溫可保存1～2個月

蘋果…200g
酒石酸（食品添加物）…2g
水…2g
A｜果膠（HM）…6g
　｜細砂糖…20g
B｜細砂糖…225g
　｜水飴…60g

前置準備

・用手指搓揉混合A的粉粒
・用水將酒石酸溶解備用　＊酒石酸可以在材料公司買到
・將烘焙紙鋪在類似調理盤的淺盤容器中（參照P.127）

作法

❶ **將蘋果打成泥狀後加熱**

　蘋果去皮，對半切開，挖除種子後，放入果汁機中攪拌。打成顆粒均勻的果泥狀後，放入鍋中用偏強的中火加熱（**a**）。加入A，一邊用矽膠刮刀攪拌，一邊煮至沸騰。

❷ **熬煮至104℃**

　加入B，繼續用刮刀攪拌，一邊用偏強的中火加熱。煮至沸騰冒泡時，要繼續攪拌防止燒焦，熬煮至104℃（**b**）。

　POINT　煮到103℃時就可以將溫度計從鍋中取出，將鍋中材料攪拌均勻。

❸ **加入酒石酸液**

　關火，加入酒石酸溶解液，快速地將整體攪拌均勻。

❹ **倒入模具中，靜置於常溫中凝固**

　將❸的材料倒入模具中（**c**）。在表面撒上細砂糖（分量外），防止乾燥（**d**）。在常溫中靜置1～2小時，待其冷卻凝固。

❺ **分切成3cm正方形，撒上細砂糖**

　凝固後即可脫模，切成3cm正方形，再裹上細砂糖。

Apple／蘋果
焦糖蘋果磅蛋糕

紮實帶點重量的蛋糕質地,很適合搭配風味醇厚的焦糖蘋果。
小朋友也能輕鬆享用的鬆軟、柔和滋味,正是這道甜點的迷人之處。

(winter)

材料（W17 × D7 × H6cm的磅蛋糕模1個份）

[焦糖蘋果（容易製作的分量）]

蘋果…200g

細砂糖…100g

水…2大匙

水飴…70g

奶油…18g

鮮奶油…100g

[磅蛋糕麵糊]

奶油（常溫）…100g

細砂糖…100g

粗鹽…1撮

蛋…2個

低筋麵粉…100g

泡打粉…4g

前置準備

- 蘋果去皮、去籽，切成1cm立方
- 模具中鋪上烘焙紙（參照P.127）
- 烤箱預熱至160℃

作法

❶ 製作焦糖蘋果

將細砂糖及水放入平底鍋中加熱，煮成濃褐色（a）。煮好焦糖後，加入蘋果使兩者均勻融合。

❷ 將剩餘的材料加熱

將水飴、奶油與鮮奶油放入小鍋中煮沸後，倒入❶的平底鍋中（b），以小火加熱5分鐘（c）。平底鍋離火後倒入調理盤中，待放涼之後，放入冰箱中冷藏30分鐘左右（d）。

❸ 製作磅蛋糕麵糊

將退冰至常溫的奶油放入缽盆中，攪拌至美乃滋狀（參照P.21❷），加入細砂糖及粗鹽，用打蛋器攪拌混合並靜置5分鐘後，繼續攪拌至泛白。

POINT 靜置5分鐘可以讓各種材料相互融合。

❹ 分次加入蛋混合

將1個蛋打入❸的缽盆中，一邊用打蛋器攪散蛋黃，一邊攪拌均勻（e）。攪拌至質地變硬，開始乳化後，打入第2個蛋，繼續攪拌混合（f）。

POINT 注意不要過度攪拌，盡量縮短時間！只要蛋有混合均勻就OK了。第2個蛋若攪拌太久容易有分離的情況。

❺ 焦糖蘋果及麵糊放入模具中

低筋麵粉及泡打粉過篩加入❹的缽盆中，用矽膠刮刀攪拌混合。麵糊攪拌至沒有粉粒感且出現光澤時（g），加入❷做好的100g焦糖蘋果，輕輕地攪拌混合，再倒入模具中（h）。

❻ 以160℃烘烤

模具放入烤箱，以160℃烘烤50～60分鐘。烤到30分鐘時，將烤盤內外轉向，再繼續烘烤完成。

POINT 剩餘的焦糖蘋果加入鬆餅和麵包中也很美味！

Citrus 柑橘

柑橘法式凍派

填滿3種柑橘類水果的豐盛水果法式凍派。
亮晶晶的美麗切面,
瞬間讓餐桌變得華麗了起來。

(winter)

材料（W19×D9×H5.5cm的磅蛋糕模 1個份／約700㎖）

不知火柑…2個

西施柚…1個

伊予柑…2個

糖粉…40g

白酒…40g

［果凍液］

細砂糖…25g

水…75g

吉利丁（粉末）…16g

檸檬汁…1小匙

檸檬香蜂草…10片

前置準備

・模具中鋪上烘焙紙（參照P.127）

・以4倍的水（分量外）浸泡吉利丁5～10分鐘，將其泡軟。加入❷的材料前，用微波爐600W分次加熱，每次10秒，一邊觀察狀態，約加熱20秒，使其完全融化

作法

❶ **醃漬柑橘果肉**

不知火柑、西施柚、伊予柑分別去皮，剝成小瓣狀（整體分量750g），放入缽盆中。加入糖粉及白酒，用手輕輕地拌勻。

❷ **製作果凍液**

將細砂糖、水放入小鍋中加熱。加入融化的吉利丁攪拌混合，待吉利丁融化於其中之後，加入檸檬汁混合均勻。

❸ **將柑橘及果凍液填入模具**

將❶、❷的材料放入缽盆中混合均勻，和檸檬香蜂草的葉片以交錯穿插的方式填入模具中。

❹ **將果凍冷卻凝固**

在上方壓重物，放入冰箱中冷藏待其凝固（大約6小時）。凝結成凍後，即可依喜歡的厚度分切。

POINT 關於壓重物，可以先用與模具尺寸相符的牛奶紙盒，剪取需要的部分，用保鮮膜包起來，當作蓋子（a）。接著在上方壓上另一個模具，並在模具內放入重物（b）。

Citrus／柑橘
焦糖香煎蜜柑

蜜柑沾裹著香氣濃郁的焦糖，
嘗起來別有一番風味。
請挑選薄膜較軟的小顆蜜柑。

材料（2人份）

蜜柑（小顆）…2個
細砂糖…50g
奶油…5g
水…1～2小匙
鼠尾草…依喜好添加

前置準備

- 剝除蜜柑外皮，橫向切成一半

  POINT 小顆的蜜柑，薄膜比較柔軟，甜味也比較明顯。

作法

❶ **製作焦糖**

將細砂糖放入平底鍋中，一邊轉動鍋子，一邊以中火加熱使糖融化，直到鍋中變成淡褐色（**a**）。

❷ **煎製蜜柑**

將蜜柑的切面朝下放入❶的鍋中煎製。大約1分鐘後，蜜柑煎軟時即可加入奶油（**b**）。待奶油融化就可以關火再加水（**c**）。一邊轉動鍋子，一邊用餘溫繼續加熱。盛入盤中，可依喜好放上鼠尾草。

POINT 如果火力較弱，無法煎出較稠的醬汁，可再加熱一下。

(winter)

Citrus／柑橘
葡萄柚布丁

葡萄柚的酸味及焦糖的微苦非常契合，是款成熟大人風味的布丁。
加入柚瓤會有清爽的苦味，宛如增添整顆果實的風味！

材料（100㎖的杯子5個份）

葡萄柚…1個

[葡萄柚風味焦糖]

細砂糖…100g

水…2大匙

葡萄柚汁…80g

[布丁液]

牛奶…350g

葡萄柚果皮的白色部分

（柚瓤）…1/2個份

蛋…2個

細砂糖…50g

薄荷葉…10片

前置準備

- 剝除葡萄柚的外皮及薄膜，分成小瓣狀
- 烤箱預熱至150℃

作法

❶ **製作焦糖**

將焦糖用的細砂糖及水放入鍋中加熱，製作焦糖。倒入葡萄柚汁攪拌混合，用小火將鍋底的細砂糖煮至融化（**a**）。將焦糖液分成5等分倒入杯中，放進冰箱冷凍使其凝固（30分鐘～1小時左右）。

❷ **製作布丁液**

將牛奶及柚瓤放入鍋中，加熱至人體溫度左右。在缽盆中放入蛋及布丁用的細砂糖攪拌混合，再加入溫牛奶混合。將柚瓤擠乾後挑除（**b**）。

❸ **將布丁液倒入焦糖杯中**

將❷的布丁液倒入❶杯中，填至8分滿。接著在耐熱烤盤中倒入1cm高的溫水，再放入5個布丁杯。接著用鋁箔紙將整個烤盤完整覆蓋，注意不要留縫隙（**c**）。

❹ **以150℃蒸烤**

放入烤箱，以150℃蒸烤40～50分鐘。取出放涼後，再放上切碎的葡萄柚及薄荷葉裝飾。

POINT 烤好之後，可以搖晃一下布丁杯，如果中心及整體都是有彈力感地晃動就OK了。如果中心晃起來還有液狀的感覺，可以將沒烤熟的布丁繼續加熱10分鐘。

Citrus／柑橘
椰香檸檬派

椰奶凍（Haupia）為夏威夷的傳統點心。2層椰奶凍分別為白色的原味，
及帶有檸檬香氣的巧克力口味。不甜膩的風味十分高雅。

(winter)

材料（18cm的派盤1個份）

[派皮麵團]

低筋麵粉…120g

細砂糖…5g

粗鹽…5g

奶油…60g

冷水（冰塊冰鎮）…20g

醋…5g

[內餡（椰奶凍）]

玉米澱粉…2又1/2大匙

細砂糖…50g

椰奶…240g

苦甜巧克力…35g

檸檬汁…30g

[裝飾用]

鮮奶油…100g

糖粉…10g

檸檬皮…適量

前置準備

・烤箱預熱至180℃

作法

❶ **製作派皮麵團**

按照P.87步驟❶～❸的方法製作派皮麵團後，放入冰箱冷藏鬆弛。

❷ **將派皮麵團擀開，放入派盤中**

用擀麵棍將麵團擀成比派盤稍大的圓形，放入派盤中。貼合派盤的大小，用手指從外緣捏出一圈造型（a）。放入冰箱冷藏靜置鬆弛15分鐘左右。

❸ **以180℃烘烤**

隔著烘焙紙將重石放到派皮的上面（b），放入烤箱，以180℃烘烤18～20分鐘。確實烤熟後取下重石，繼續烘烤5分鐘（看起來沒烤熟的話，可以壓著重石繼續烘烤）。烤好之後，放在冷卻架或烤網上降溫。

❹ **製作椰奶凍**

將玉米澱粉及細砂糖放入鍋中。倒入全部的椰奶，用打蛋器攪拌，避免結塊。一邊以中火加熱，一邊不停地攪拌。煮至出現濃稠感、接近沸騰時，轉為小火。繼續攪拌加熱3分鐘就完成了（c）。將半份椰奶凍餡倒入冷卻的派皮中，表面用矽膠刮刀整平。

❺ **製作巧克力椰奶凍**

將苦甜巧克力加入剩餘的椰奶凍餡中攪拌均勻。利用餘溫將巧克力融化後，加入檸檬汁（d）。攪拌至沒有液狀感、充分融合後，將其倒在❹的椰奶凍上（e），用矽膠刮刀將表面抹平。保鮮膜覆蓋貼合在椰奶凍餡表面，在常溫放涼之後，放進冰箱冷藏1小時左右。

❻ **加上鮮奶油霜擠花**

將鮮奶油及糖粉倒入缽盆中攪打至8分發。鮮奶油霜可以拉出尖角的狀態時，就可以填入擠花袋中，擠花在冰涼的派上。要享用之前，可以再刨上一些檸檬皮碎。

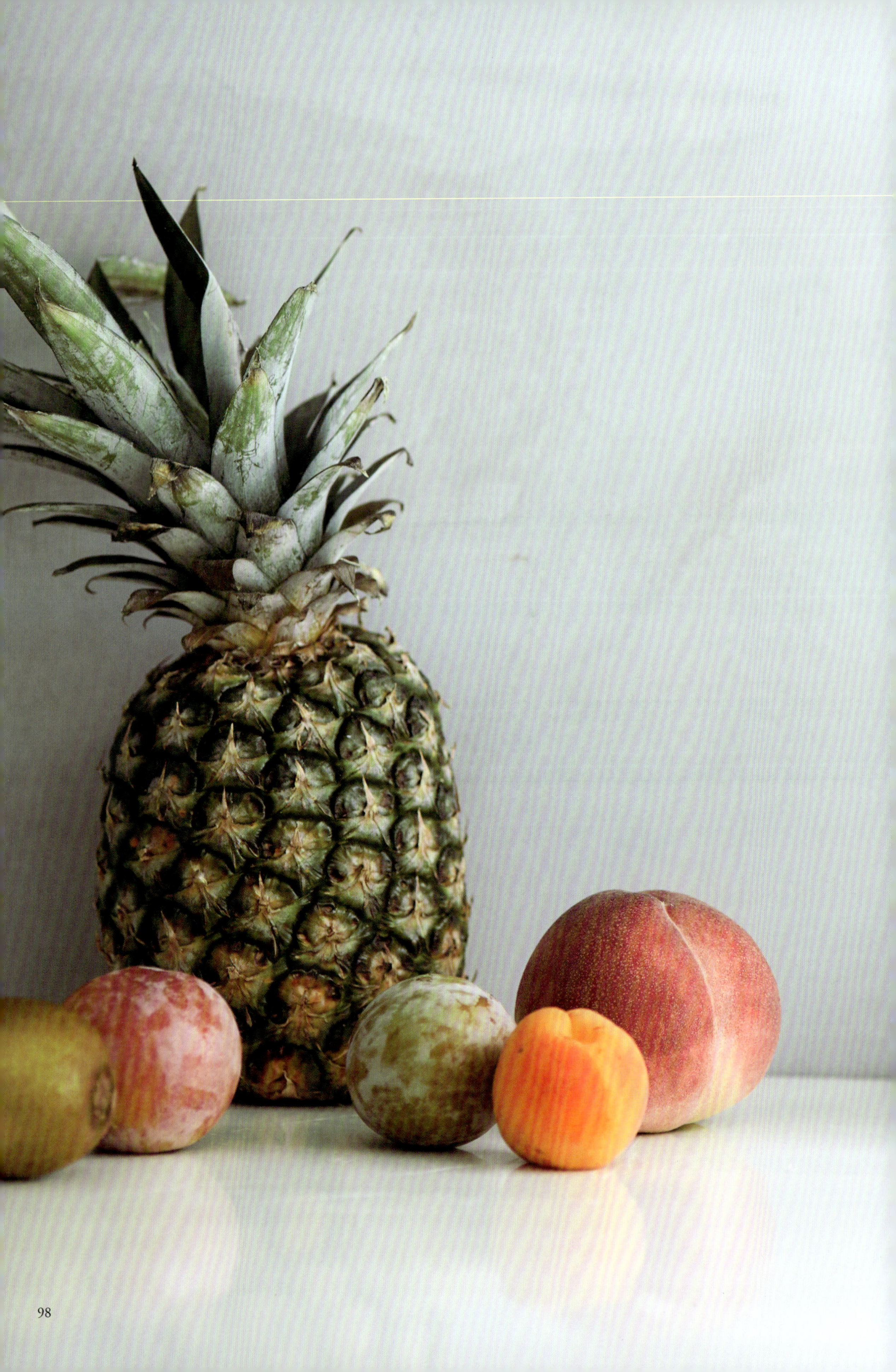

Stock Recipe
儲備食譜

充分享受當季水果後,一起試著做看看「儲備水果」吧!
直接吃覺得不夠甜,或是量多到吃不完時,
只要儲存起來,就能品嘗到不同的美味。
本篇會和讀者們介紹5種代表性的常備水果作法,
包括「果醬」、「糖煮」、「果泥」、「5分煮」與「冰糖糖漿」,
以及運用這些儲備水果製作的食譜。
同一份食譜,也可以應用於其他水果,
大家可依自己的喜好嘗試看看。

＊保存用的瓶罐等容器,務必先經過酒精消毒或煮沸處理,在乾淨的狀態下使用

JAM
COMPOTE
PUREE
BOIL FOR 5 MINUTES
ROCK SUGAR SYRUP

草莓果醬 Arrange Recipe ▶ P.102

材料（160g的罐子2～3個份）

草莓⋯約230g（大約1盒）

細砂糖⋯115g（草莓的一半分量）

水⋯50g

檸檬酸液（以1：1的食用檸檬酸及水調成）⋯1/2小匙

作法

❶ 剁碎草莓，醃製

將半份草莓剁碎成3～4等分（**a**），再和其餘的草莓一起放入缽盆中，與細砂糖拌勻（**b**）。靜置於室溫中1小時。

❷ 加熱

將❶的材料放入鍋中，以中火加熱（**c**）。煮至沸騰後，繼續加熱5分鐘。

❸ 將果肉及果汁分離

草莓煮熟後（參考的標準是草莓開始稍微脫色／**d**），準備篩網，並在底下放另一個鍋子，以濾出果肉（**e**）。

❹ 熬煮果汁，倒回果肉

將過濾至鍋中的果汁加熱熬煮，邊煮邊撈出雜質。當水分從2/3蒸發至大約一半時，將果肉倒回鍋中，煮至沸騰。

❺ 加入檸檬酸液，關火

加入檸檬酸液（**f**），攪拌均勻後關火。最後撈除雜質，將果醬填入乾淨的保存罐中。

冷藏可保存大約3個月

MEMO

熬煮時當果汁變得像糖液一樣出現黏稠感，就表示可以倒回果肉了。雜質都要確實地撈乾淨。同樣的作法可以運用於其他喜歡的水果，製作出美味的果醬。

果汁熬煮成糖液般的狀態。

仔細地撈除雜質就是美味的關鍵。

冷藏可保存大約3個月

MEMO

除了增加柑橘果皮的分切和清洗步驟外，基本作法和草莓相同。剛完成時，可能會是如水一般的液狀質地，不過，在冰箱冷藏一晚後就會變得濃稠。

柑橘果醬　Arrange Recipe ▶ P.104

材料（160g的罐子2～3個份）

不知火柑（改用其他的柑橘類也OK）…200g

細砂糖…100g

水…100g

檸檬酸液（以1：1的食用檸檬酸及水調成）…1/2小匙

作法

❶ **分離果皮及果肉**

切掉不知火柑的頂端凸起處，橫向對半切開，將外皮剝除與果肉分開（**a**）。

❷ **果皮及果肉切塊**

果皮切成細絲。果肉切成3等分（約1cm寬）並挑除種子（**b**）。

❸ **搓洗果皮**

將果皮放入水中充分地搓洗大約3次。一邊用雙手充分地搓揉，一邊清洗及換水，直到水不再變濁，就可以將果皮的水分擠乾（**c**）。

❹ **醃製**

將❸的材料及細砂糖、水加入鍋中，輕輕地攪拌混合，並靜置1小時。

❺ **加熱，分離果汁及果肉**

以中火加熱，直到果肉散開，果皮變軟後，就可以準備篩網，在底下放另一個鍋子，濾出果肉。

❻ **熬煮果汁，倒回果肉**

將過濾至鍋中的果汁加熱熬煮，邊煮邊撈出雜質。當水分從2/3蒸發至大約一半時，將果皮與果肉倒回鍋中，煮至沸騰。當鍋中的氣泡像糖蜜一樣出現黏性、果汁變得稍微濃稠，就代表煮好了（**d**）。

❼ **加入檸檬酸液，關火**

加入檸檬酸液，攪拌均勻後關火。最後，撈除雜質，將果醬填入乾淨的保存罐中。

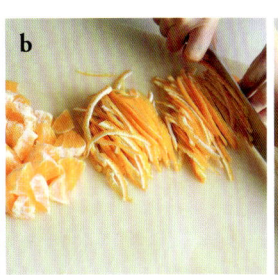

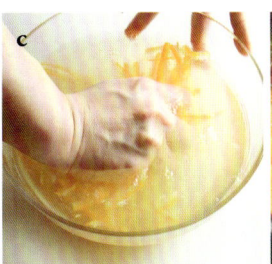

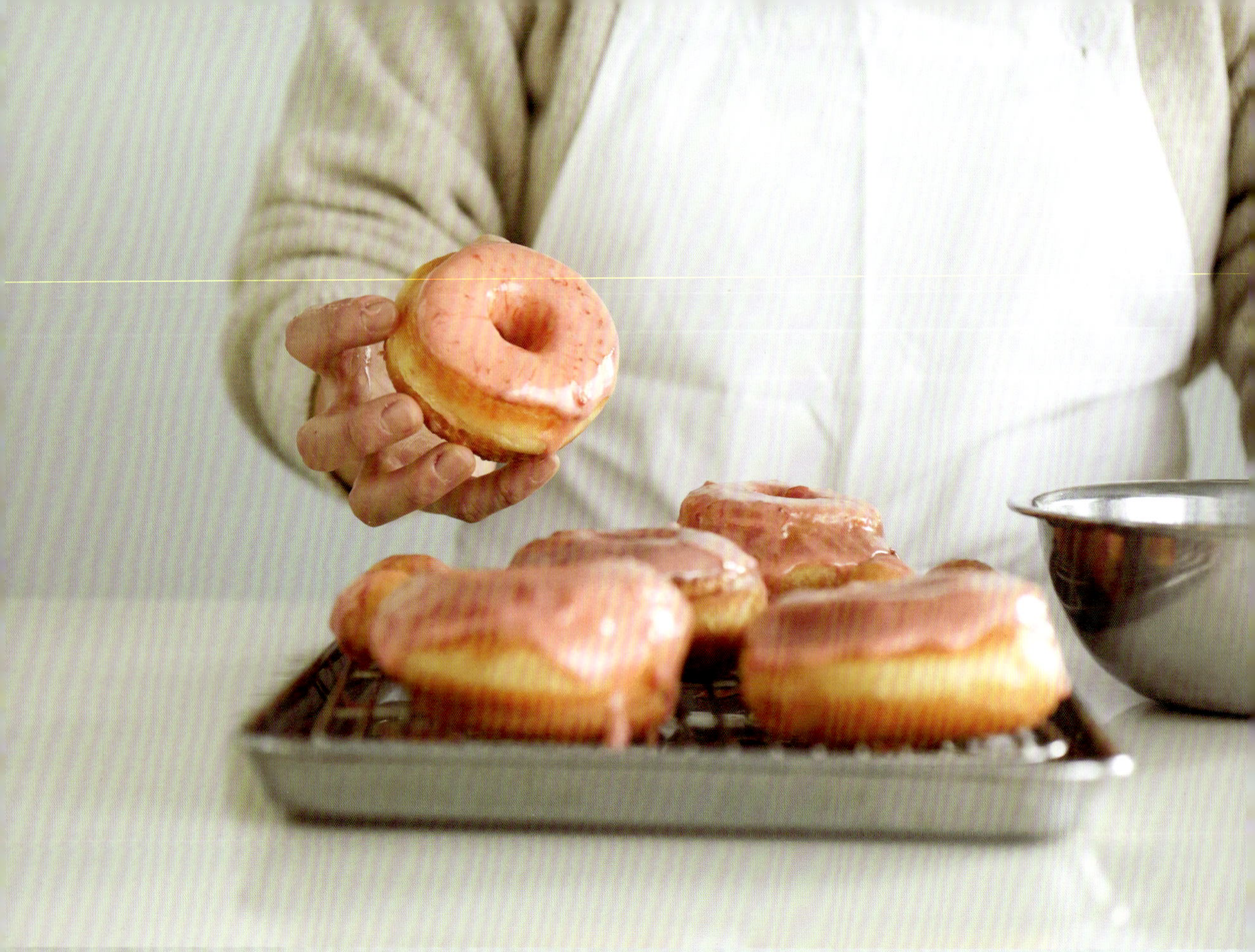

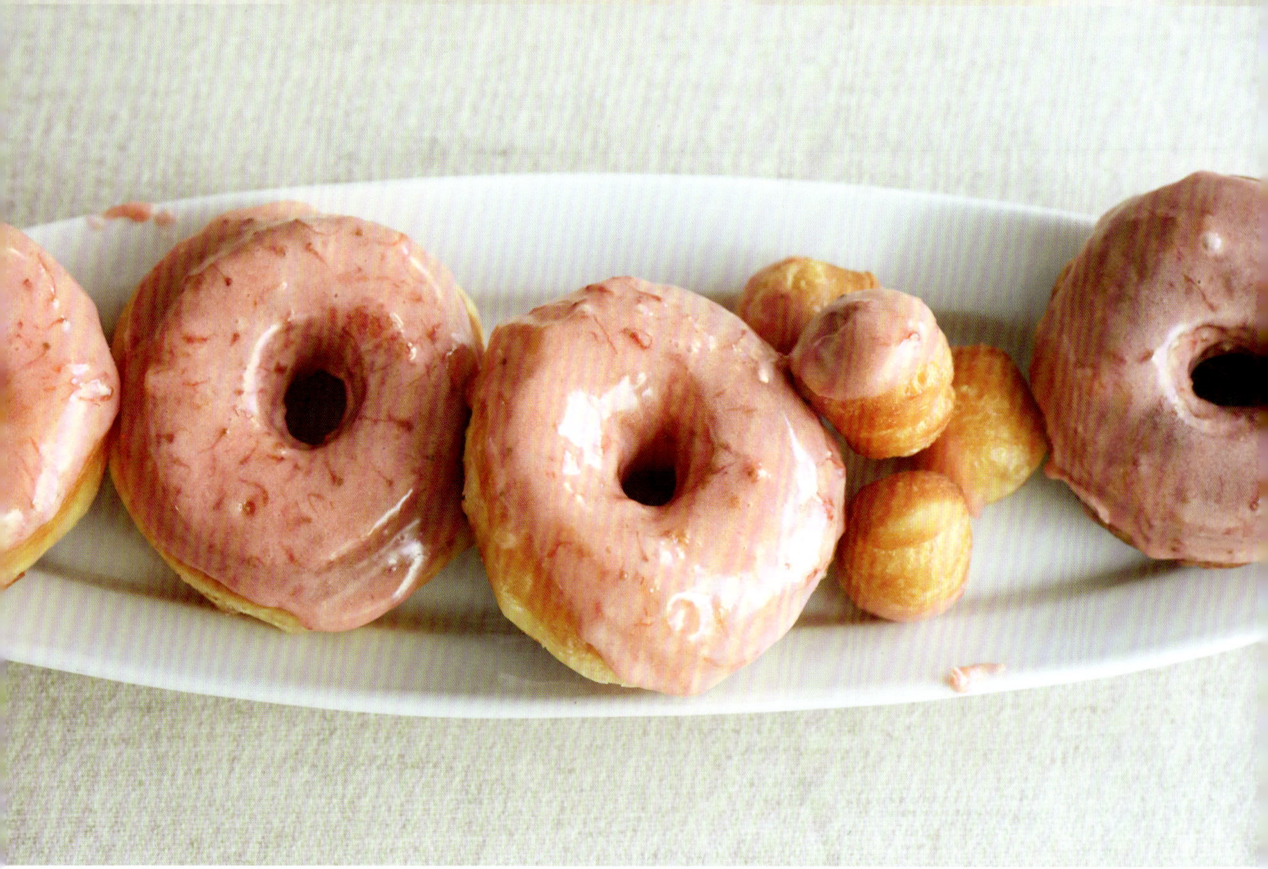

Arrange Recipe ／草莓果醬

甜甜圈

鬆鬆軟軟的麵體加上
甜～甜的草莓糖霜……
超好吃的甜甜圈就完成了！

材料（5cm的圓模約5個份）

[草莓糖霜]
「草莓果醬（P.100）」…70g
糖粉…100g

[甜甜圈麵團]
速發乾酵母…5g
牛奶…100g
蛋黃…2個
高筋麵粉…200g
細砂糖…30g
粗鹽…1/2小匙
奶油（常溫）…25g

作法

❶ **讓酵母預備發酵**
將速發乾酵母放入加熱至人體溫度的牛奶（微波爐600W加熱30～40秒）中融化，和蛋黃混合備用。

❷ **製作麵團**
將高筋麵粉、細砂糖、粗鹽放入缽盆中，攪拌混合。加入❶的材料，用手捏握，收整成一個麵團。

❸ **揉製麵團**
將麵團放到較大的缽盆中或是工作檯面上，將麵團揉至光滑（5～6分鐘）。

❹ **加入奶油拌勻，進行發酵**
麵團變光滑後，加入奶油揉拌混合（一開始會黏黏的，但是繼續拌勻就會出現光澤，變成一個平滑的麵團）。當麵團表面變得漂亮平整時，就可以放入缽盆中覆蓋保鮮膜，放在稍微溫暖的地方發酵1小時左右。

POINT 夏天置於常溫中，冬天放在有暖氣的房間，讓麵團充分發酵。

❺ **延展麵團，塑形**
麵團膨脹至2倍大時，放到撒上手粉（高筋麵粉／分量外）的檯面上，先壓一下麵團，擠出氣體，再將麵團收整成團。用雙手輕壓麵團，將整體壓成2cm的厚度。用5cm的圓模壓出5個圓片，中央再用圓形花嘴挖一個圓孔。將成形的麵團放到撒上手粉（高筋麵粉／分量外）的檯面上或調理盤中，蓋上濕布，讓麵團靜置鬆弛大約15分鐘。剩餘的麵團也可以切成適合的大小，用同樣方式處理。

❻ **油炸，充分冷卻**
以160℃的油（分量外）將麵團兩面炸至金黃色（小火約4～5分鐘），接著充分冷卻。

❼ **沾上滿滿的果醬糖霜**
將「草莓果醬」放入缽盆中，用矽膠刮刀將草莓果肉搗碎。加入糖粉，攪拌均勻（a）。用❻的甜甜圈表面沾取糖霜，靜置15分鐘待其乾燥（b）。

＊甜甜圈若溫度太高會使糖霜融化，須特別留意

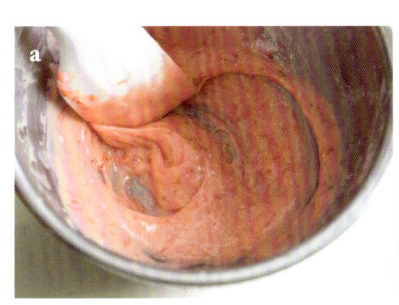

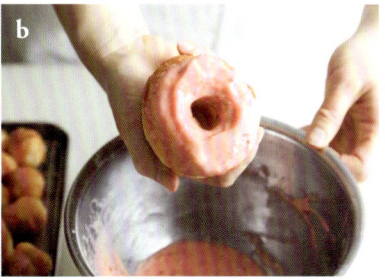

104

Arrange Recipe ／柑橘果醬
金合歡蛋糕

小小的海綿蛋糕，
看似一束黃色小花的花束。
微苦的柑橘搭配輕盈的卡士達醬，
彷彿在宣告春天的到來。

材料（15cm的圓模1個份）

「柑橘果醬（P.101）」…80g

[卡士達醬]

蛋黃…2個份

上白糖…25g

高筋麵粉…10g

牛奶…125g

[鮮奶油霜]

鮮奶油…100g

糖粉…10g

15cm的海綿蛋糕…1個

（作法及材料請參照P.79步驟❶～❺）

作法

❶ 混合卡士達醬的材料

將蛋黃及上白糖放入缽盆中，用打蛋器以按壓磨擦的方式混合。待上白糖融入蛋黃後，加入高筋麵粉，攪拌至沒有粉粒感。接著倒入牛奶繼續攪拌，均勻融合後，覆蓋保鮮膜，放入微波爐以600W加熱1分30秒。

POINT 將其中25g牛奶替換成鮮奶油，可以做出更濃郁的卡士達醬。

❷ 將混合的材料加熱

從微波爐中取出，以翻拌的方式攪拌均勻，再蓋上保鮮膜繼續加熱1分30秒。再從微波爐中取出，用同樣的方式拌勻，蓋上保鮮膜再加熱30秒。

❸ 卡士達醬放入冰箱冷藏

充分地攪拌均勻後攤平在調理盤中。將保鮮膜直接覆蓋貼合其上，到❻要使用之前，先放在冰箱中冷藏。

組合

❹ 分切海綿蛋糕

切出2片1.5cm厚的海綿蛋糕圓片。剩餘的海綿蛋糕用刀粗略地切成5mm丁狀，再用手剝成小塊。

❺ 打發鮮奶油，塗上半份果醬

將鮮奶油及糖粉放入缽盆中，以手持電動攪拌機打至8分發。在另一個缽盆狀的圓型容器中鋪上保鮮膜，放入一片海綿蛋糕，使其變成圓頂狀。塗上半份「柑橘果醬」（**a**）。

❻ 疊加塗上果醬及鮮奶油霜

用打蛋器將❸的卡士達醬拌開，加入半份鮮奶油霜攪拌混合。兩者均勻地融合在一起後，加入剩餘的鮮奶油霜，以矽膠刮刀用切拌的方式，輕柔地切拌混合，避免消泡。拌勻後，塗在❺的蛋糕上，再疊蓋一層剩餘的「柑橘果醬」（**b**）。

❼ 在圓頂塗上鮮奶油霜，黏上蛋糕塊

將另一片平坦的海綿蛋糕蓋到❻的蛋糕上（**c**），放入冰箱冷藏靜置1小時。取出容器，倒扣將蛋糕取出（**d**）。將剩餘的鮮奶油霜塗滿圓頂狀的蛋糕表面，並黏上剝成小塊的海綿蛋糕。

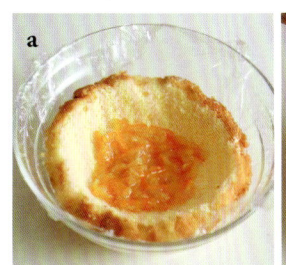

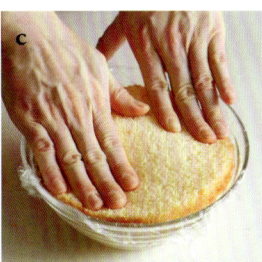

糖煮桃子

Arrange Recipe ▶ P.108

材料（容易製作的分量）

桃子…400g（大約2個）

細砂糖…120g

水…200g

檸檬汁…10g

作法

❶ 將全部的材料放入缽盆中

將桃子果皮及種子取下後（參照P.41❶），將所有材料連同果皮及種子放入缽盆中，蓋上保鮮膜（**a**）。

❷ 用小火隔水加熱

準備隔水加熱用的熱水（分量外），用小火將❶隔水加熱大約30分鐘，並且注意不要煮沸。過程中可暫時拆下保鮮膜，查看缽盆底是否有殘留的細砂糖，如果有殘留，可以攪拌一下使其確實溶解（**b**）。重新蓋上保鮮膜，繼續隔水加熱15分鐘左右。

❸ 放涼，冷藏冰鎮

停止隔水加熱，改用冰水冰鎮後，連同缽盆一起放入冰箱中冷藏。之後再分裝到乾淨的保存容器中。

冷藏可保存大約1週

MEMO

依照想製作的水果總量，可以用「水果20：細砂糖6：水10：檸檬汁0.5」的比例進行調配。

糖煮無花果
Arrange Recipe ▶ P.109

材料（容易製作的分量）

無花果…200g（4個）
細砂糖…60g
水…100g
檸檬汁…5g

作法

將全部的材料放入缽盆中

挖除無花果的果蒂，並且去皮。將全部的材料放入缽盆中，蓋上保鮮膜。

→後續步驟都和「糖煮桃子」相同。

冷藏可保存大約1週

糖煮草莓
Arrange Recipe ▶ P.110

材料（容易製作的分量）

草莓…200g
細砂糖…60g
水…100g
檸檬汁…5g

作法

將全部的材料放入缽盆中

切除草莓果蒂，將全部的材料放入缽盆中，蓋上保鮮膜。

→後續步驟都和「糖煮桃子」相同。

冷藏可保存大約1週

糖煮奇異果
Arrange Recipe ▶ P.111

材料（容易製作的分量）

奇異果…400g（4個）
細砂糖…120g
水…200g
檸檬汁…10g

作法

將全部的材料放入缽盆中

奇異果去皮，橫向對半切開。將全部的材料放入缽盆中，蓋上保鮮膜。

→後續步驟都和「糖煮桃子」相同。

MEMO

同樣的作法也可以改用黃金奇異果製作，不過黃金奇異果的口味會更甜。

冷藏可保存大約1週

Arrange Recipe ／糖煮桃子
蜜桃梅爾芭

糖煮桃子的柔和甜味，
很適合跟酸甜的覆盆子醬做搭配。
將糖液做成果凍，可以享受到不同口感的樂趣。

材料（玻璃杯2個份）

「糖煮桃子（P.106）」…2個

「糖煮桃子」的糖液…300g

吉利丁（粉狀）…7g

香草冰淇淋…50g

覆盆子果泥（市售）…100g

前置準備

- 以4倍的水（分量外）浸泡吉利丁5～10分鐘，將其泡軟。在❶加入糖液前，用微波爐600W分次加熱，每次10秒，一邊觀察狀態，約加熱20秒，使其完全融化

作法

❶ **製作果凍**

將浸泡「糖煮桃子」的糖液放入鍋中，加熱至60～70℃。倒入融化的吉利丁，攪拌均勻。將果凍液倒入調理盤中，放進冰箱中冷藏待其凝固（約6小時）。

❷ **依果凍→冰淇淋→桃子→醬汁的順序疊上**

將覆盆子果泥放進鍋中，熬煮到剩下原本的一半量，將其煮成醬汁。用叉子將❶的果凍搗碎，放入容器中。接著放入冰淇淋、「糖煮桃子」，最後再淋上覆盆子醬汁。

Arrange Recipe ／糖煮無花果
無花果果凍

若有似無的淡粉色，是無花果特有的迷人之處。
品嘗時請將果肉搗碎，和果凍一起享用。

材料（玻璃杯 2 個份）

「糖煮無花果（P.107）」…2 個
「糖煮無花果」的糖液…200g
吉利丁（粉狀）…4g

前置準備

- 用和 P.108 同樣的方式將吉利丁泡開，在 ❶ 加入糖液前將其融化

作法

❶ **製作果凍液**

將浸泡「糖煮無花果」的糖液放入鍋中（無花果先撈出備用），加熱至 60～70℃。接著倒入融化的吉利丁，攪拌均勻。

❷ **待果凍凝固**

將無花果分別放入容器中，倒入❶的果凍液，放進冰箱中冷藏待其凝固（約6小時）。

Arrange Recipe ／糖煮草莓

草莓冷湯

「糖煮草莓」滑順的甘甜滋味，和清爽的優格奶霜堪稱絕配。
加上薄荷葉，可在甜味中增添一抹清涼感。

材料（2～3人份）

「糖煮草莓（P.107）」…300g

[優格奶霜]
鮮奶油…100g
細砂糖…20g
水切優格
　或是希臘優格…50g
胡椒薄荷葉…依喜好添加

作法

❶ 製作優格奶霜

將鮮奶油及細砂糖放入鉢盆中，用手持電動攪拌機打至9分發，接著用打蛋器攪拌均勻。在水切優格中加入1/3份鮮奶油霜，用矽膠刮刀輕輕翻拌，注意不要拌到消泡，融合在一起後，再加入剩餘的鮮奶油霜攪拌均勻。

❷ 盛入器皿中

將「糖煮草莓」連同糖液一起盛入器皿中，再放上❶的優格奶霜及胡椒薄荷葉。

MEMO
[水切優格的作法]

在篩網內鋪上廚房紙巾或是咖啡濾杯，放入優格100g，放進冰箱冷藏，直到過濾至原本分量的一半。使用篩網的話大約需要一個晚上，咖啡濾杯的話大約6個小時可完成。充分瀝乾水分，就能獲得濃郁的優格。

Arrange Recipe ／糖煮奇異果

半乾奇異果

半乾的奇異果，保留了水果的新鮮感，同時又有濃縮的美味。
也可以用相同的作法，代換成其他水果。

材料（2～3人份）

「糖煮奇異果（P.107）」…2～4個

前置準備

- 烤箱預熱至100℃

作法

❶ **奇異果的前置處理**
奇異果放在篩網中瀝乾水分（**a**），再切成厚約1.5cm的片狀。

❷ **放入烤箱烘乾**
用廚房紙巾輕輕地擦掉奇異果的水分，將奇異果片排列在鋪有烘焙紙的烤盤上，相互保持間隔（**b**）。放入烤箱，以100℃烘烤60分鐘使其乾燥。

STOCK | PUREE pear / strawberry

冷藏可保存大約2～3天，冷凍則大約2個月

MEMO
建議使用成熟且帶有香氣的梨子。若果肉有些損傷，也可以先將損傷部分確實切除再打成果泥。加入檸檬汁則是可以減少西洋梨變色的情況。

西洋梨果泥

Arrange Recipe ▶ P.113、114

材料（容易製作的分量）

西洋梨…1個
檸檬汁…5g

作法

西洋梨切塊，以果汁機打成泥狀

將西洋梨去皮，切除果蒂、種子及粗纖維（參照P.59❶、P.62❷）。切成小塊，以果汁機打成泥狀（a、b）。放入乾淨的保存容器中。

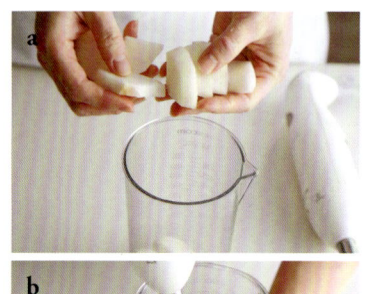

a

b

草莓果泥

Arrange Recipe ▶ P.115

材料（容易製作的分量）

草莓…200g

作法

以果汁機將草莓打成泥狀

去除草莓果蒂，以果汁機打成泥狀。放入乾淨的保存容器中。

冷藏可保存大約2～3天，冷凍則大約2個月

Arrange Recipe ／西洋梨果泥

洋梨牛奶冰淇淋

可以品嘗到西洋梨濕潤甘甜滋味的大人口味冰淇淋。
可自由選擇搭配甜筒或是紙杯盛裝。

材料（容易製作的分量）

「西洋梨果泥（P.112）」…250g

A｜牛奶…140g
　｜細砂糖…20g
　｜水飴…16g
　｜煉乳…20g
鮮奶油…30g

作法

❶ **製作冰淇淋基底**

將A放入鍋中，一邊以小火加熱，一邊攪拌使細砂糖溶解。煮好之後將鍋子泡著冰水，冰鎮降溫。待鍋內冷卻後，加入鮮奶油攪拌混合。

❷ **放入保存容器中冷凍**

加入「西洋梨果泥」，充分地攪拌均勻後放入保存容器中，冷凍凝固。享用前用叉子將冰淇淋挖鬆。

Arrange Recipe ／西洋梨果泥

洋梨肉桂慕斯

以西洋梨 × 肉桂 × 印度香料茶交織而成的絕妙好滋味。
一起開心迎接秋季的來臨吧！

材料（90㎖的容器3個份）

「西洋梨果泥（P.112）」…150g
牛奶…35g
肉桂…1/4小匙
細砂糖…25g
吉利丁（粉狀）…3g
鮮奶油…50g

[香料茶糖液]
水…100g
細砂糖…30g
茶葉（印度香料茶）…2g

前置準備

- 用和P.108同樣的方式將吉利丁泡開，在加入❷前將其融化

作法

❶ **製作慕斯**
將牛奶、肉桂、細砂糖加入鍋中，一邊加熱一邊攪拌混合，使細砂糖溶解。

❷ **加入果泥攪拌混合**
關火，將融化的吉利丁加入❶的鍋中，充分攪拌混合後，再將鍋底泡入冰水，冷卻降溫。

❸ **待慕斯冷卻凝固**
慕斯液冰鎮後，加入7分發的鮮奶油霜攪拌混合（參照P.19），接著分裝到容器中，放進冰箱待其凝固（冷藏大約6小時）。

❹ **製作香料茶糖液，淋在慕斯上**
將水及細砂糖放入鍋中煮沸。煮沸後放入茶葉，蓋上鍋蓋燜2分鐘，再濾除茶葉，以冰水隔著鍋子冰鎮降溫。待❸的慕斯凝固後，就可以淋上香料茶糖液了。

Arrange Recipe ／草莓果泥
草莓百匯

滿載著來自草莓的美味，
這樣的百匯令人無比雀躍！
草莓、果凍、果泥和海綿蛋糕，
都用湯匙撈起享用吧。

材 料（玻璃杯2個份）

「草莓果泥（P.112）」…300g

細砂糖…80g

白酒…50g

吉利丁（粉狀）…4g

草莓…150g

海綿蛋糕（市售）…60g

冰淇淋（市售）…依喜好調整分量

前置準備

・用和P.108同樣的方式將吉利丁泡開，在加入❷前將其融化

作 法

❶ **果泥與細砂糖、白酒一起加熱**

將「草莓果泥」、細砂糖、白酒一起放入鍋中，以小火煮至沸騰。

❷ **果凍冷藏凝固**

將❶100g的液體放入冰箱中冷藏備用。其餘部分也停止加熱，加入融化的吉利丁，充分攪拌混合後，倒入調理盤等容器中。放涼之後再放進冰箱冷藏凝固成果凍（6小時左右）。

❸ **盛入器皿中**

草莓（裝飾用的2個除外）、海綿蛋糕切成喜歡的大小。❷的果凍凝固後，用湯匙挖取（a），依果凍→草莓→海綿蛋糕→❶的果泥→冰淇淋的順序，隨意地疊上。最後再放上裝飾用的草莓。

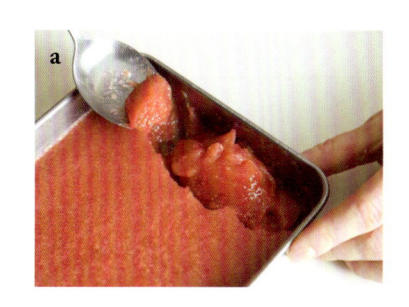

STOCK | BOIL FOR 5 MIN　pineapple / plum

冷藏可保存大約7～10天

MEMO
名符其實，只要煮5分鐘就能輕鬆完成。不過，因為水分較少，要小心不要燒焦。

鳳梨5分煮

Arrange Recipe ▶ P.117、118

材料（容易製作的分量）

鳳梨…純果肉200g
細砂糖…60g
水…20g

作法

❶ **鳳梨切成圓片狀**

將鳳梨去皮，切成厚度2～3mm左右的圓片（參照P.33❶）。

❷ **加熱5分鐘，冷藏**

將❶的鳳梨片放入鍋中，加入細砂糖及水（**a**）。用小火加熱，煮沸後繼續加熱5分鐘（**b**）。關火，蓋上揉皺的烘焙紙，貼合在果肉上，靜置冷卻（**c**）。放涼後連同鍋子一起放入冰箱冷藏。待整體變冰涼後，再倒入乾淨的保存容器中。

李子5分煮

Arrange Recipe ▶ P.119

材料（容易製作的分量）

黃肉李…200g（2個）
細砂糖…60g
水…20g

作法

將黃肉李切成瓣狀

黃肉李連皮對半切開，取出種子。再切成一半，變成4等分的瓣狀。

→後續步驟和「鳳梨5分煮」相同。

冷藏可保存大約7～10天

Arrange Recipe ／鳳梨 5 分煮
鳳梨果乾

軟 Q 濕潤的口感讓人停不下來?!
可以廣泛運用在下午茶茶點或是下酒點心。

材料（5 片份）

「鳳梨 5 分煮（P.116）」…5 片

前置準備

・烤箱預熱至 100℃

作法

擦乾鳳梨的水分，排列在鋪有烘焙紙的烤盤上。放入烤箱，以 100℃烘烤 60 分鐘，使其乾燥（參照 P.111 ❶、❷）。

Arrange Recipe ／鳳梨 5 分煮
庫爾菲

庫爾菲（kulfi）是印度的傳統冰品。
以下食譜有將甜度稍微降低，
冷凍過後可以
剝成自己喜歡的大小品嘗。

材料（2人份）

「鳳梨 5 分煮（P.116）」…100g
「鳳梨 5 分煮」的糖液…2 大匙
牛奶…500g
小荳蔻…3 顆
煉乳…40g
烤杏仁果…40g

前置準備

・將「鳳梨 5 分煮」攤平排列在調理盤中

作法

❶ **牛奶和小荳蔻一起熬煮**

將牛奶和小荳蔻一起放入鍋中，煮沸後轉成小火，繼續熬煮10分鐘。用篩網過濾，取出小荳蔻。

❷ **材料全部放進調理盤中冷凍**

將❶的牛奶和「鳳梨 5 分煮」的糖液、煉乳攪拌混合。加入切碎的杏仁果混合後，倒入擺好「鳳梨 5 分煮」的調理盤中（a）。調整位置讓鳳梨露出表面，將調理盤放入冰箱中冷凍（約6小時）。

Arrange Recipe ／李子 5 分煮
免揉麵包

只需要攪拌、烘烤！是款不用發酵就能輕鬆完成的早餐麵包。使用黍砂糖帶出柔和的甜味，也是美味的祕訣之一。

材料（15cm 的圓模 1 個份）

「李子 5 分煮（P.116）」…150g
奶油（常溫）…75g
黍砂糖…90g
粗鹽…1 撮
蛋…2 個
低筋麵粉…180g
泡打粉…2 小匙
優格…70g
黍砂糖（頂飾用）…1 大匙

前置準備

・烤箱預熱至 160℃

作法

❶ **混合奶油、黍砂糖、粗鹽與蛋**

在美乃滋狀的奶油中（參照 P.21 ❷）加入黍砂糖與粗鹽，用打蛋器以按壓磨擦的方式混合。加入蛋，攪拌均勻。

❷ **加入粉類及優格，攪拌混合**

將低筋麵粉及泡打粉篩入❶的盆中，加入優格，用矽膠刮刀攪拌至麵糊出現光澤感。

❸ **將麵糊及李子放入模具中**

將❷的麵糊倒入鋪有烘焙紙的模具中，隨意地放上「李子5分煮」。用矽膠刮刀將整體翻拌混合（a），撒上頂飾用的黍砂糖。

❹ **以 160℃烘烤**

放入烤箱，以160℃烘烤大約50分鐘，烤到表面的裂痕變成金黃色。

葡萄糖漿
Arrange Recipe ▶ P.122

日本柚子糖漿
Arrange Recipe ▶ P.123

冷藏可保存大約6個月

冰糖糖漿

材料（容易製作的分量）

葡萄(巨峰)／日本柚子／梅子／藍莓
　…各500g
冰糖…各500g
喜歡的醋…各50g ＊柚子不需要加醋

作法

❶ **水果的前置處理**
葡萄連皮對半切開。日本柚子去籽，果皮和果肉都切碎。梅子去除果蒂，中間劃一圈刀痕。

❷ **將水果及冰糖交錯放入容器中**
在保存容器中，將水果與冰糖以1：1的分量交錯疊放（a）。在柚子之外的水果中加入醋（b）。

❸ **靜置大約1週直到冰糖融化**
蓋上蓋子（c），在常溫中醃漬大約1週。過程中，2天搖1次罐子，待冰糖完全融化就完成了。完成後放入冰箱中冷藏保存。

POINT 加醋是為了防止腐敗，同時也能加速糖漿完成。推薦使用白酒醋！柚子則是因為有果肉和果汁，不用加醋也會產生足夠的糖漿。

梅子糖漿
Arrange Recipe ▶ P.124

藍莓糖漿
Arrange Recipe ▶ P.124

a b c

Arrange Recipe／葡萄糖漿

葡萄蘇打、葡萄牛奶、葡萄調酒

一種糖漿，可以享受到3種不同的滋味。
也可以代換成其他水果製作的糖漿，請務必試試看！

材料（各玻璃杯1杯份）

[葡萄蘇打]
「葡萄糖漿（P.120）」…70g
氣泡水…70g
冰塊…依喜好添加

[葡萄牛奶]
「葡萄糖漿（P.120）」…70g
牛奶…140g
冰塊…依喜好添加

[葡萄調酒]
「葡萄糖漿（P.120）」…60g
白葡萄酒…90㎖

作法
將材料分別放入玻璃杯中，攪拌混合就完成了。

Arrange Recipe ／日本柚子糖漿

柚子茶

「日本柚子糖漿」很適合在寒冬中常備。
只要倒入熱水,就能品嘗充滿豐富香氣的柚子以溫暖身心。

材料（茶杯1杯份）

「日本柚子糖漿（P.120）」…50g
熱水…150g

作法

將「日本柚子糖漿」放入杯中,倒入熱水。將整體輕輕地攪拌均勻。

Arrange Recipe /梅子糖漿

梅子義式冰沙

將梅子的美味完全濃縮其中,是款沁著清涼氣息的冰沙。
即使在沒有食慾的大熱天裡,一定也能拿起湯匙開心享用。

材料(容易製作的分量)

「梅子糖漿(P.120)」…50g
水…75g

作法

用水將「梅子糖漿」泡開,放入保存容器中冷凍(約6小時)。結凍之後,用叉子搗碎,盛入器皿中。

Arrange Recipe /藍莓糖漿

藍莓沙拉醬

藍莓順口的甜味及酸味,很適合與橄欖油搭配。
因為果實也可以一起吃,做成水果沙拉享用同樣很美味!

材料(容易製作的分量)

「藍莓糖漿(P.120)」…2大匙
「藍莓糖漿」的果實…2大匙
粗鹽…1小匙
醋…1大匙
橄欖油…1大匙

作法

將全部的材料攪拌混合,淋在喜歡的沙拉上。

Frozen Stock
聰明活用冷凍庫存

「沒有時間,但還是想儲備水果!」這種時候,「冷凍保存」也是個好辦法。
只要將水果切好冷凍就可以了,非常方便。
冷凍可以保存3〜4個月,即使過了產季,也能繼續品嘗到美味的水果。

作法

❶ 將水果去皮、去籽,只留果肉。
❷ 如果熟度正剛好,就切成合適的尺寸;有點過熟的話,打成果泥狀也OK。
❸ 放入可以冷凍的保鮮袋中,放入冰箱冷凍保存。

CHECK

* 不用解凍,直接在冷凍狀態使用。
* 如果是需要加熱的烘焙點心,冷凍水果比較容易出水,可能需要多烤10〜15分鐘。請視情況自行調整。
* 像是「P.10水果三明治」、「P.24新鮮櫻桃塔」等需要新鮮水果的食譜,就不能使用冷凍保存的水果材料。

使用方式

直接吃
當作大熱天的點心

直接放入果汁機攪打
可以打成雪酪或飲品。
用氣泡水或牛奶泡開喝也很棒

加熱
可以加入烘焙點心或慕斯中,
或是做成果醬等常備食品

三大必須先注意的重點

本篇將製作水果點心的重點分成三大類，
希望各位能開心地做出更美味的點心。

關於水果

成熟的水果比較好吃，還沒熟透的水果比較好處理等，
根據製作的點心會有建議的水果熟度。不過，基本上選擇何者都OK。
多方嘗試，找出自己喜歡的口感也很有趣哦。

CHECK

水果選擇
較有香氣的

成熟的水果，通常都會有濃烈的香氣。如果不知道怎麼挑水果，可以選聞起來比較香的水果。這樣不僅能做出香氣豐富的點心，做點心的過程中也能享受水果特有的芳香氣味。

加熱製作的點心，
使用單一種類的水果

一種水果之中也會有不同的品種，例如葡萄，就有巨峰及貓眼。製作塔、派等需要加熱的點心時，請使用單一種類的水果。若混用不同種類，可能會有烘烤熟度及口感的差異，要特別留意。

完成時
請視情況調整

水果的含水量會依熟成度產生變化。因此，烘烤時間及冷卻凝固的時間等，都要視實際情況做調整。雖然成品可能會不太一樣，但是這樣的變化也是使用水果做點心的樂趣所在。

關於材料

本書使用的材料都是
在超市等處可以買到的常態商品。
在這邊要告訴大家幾個必須注意的重點。

CHECK

鹽的話，
請使用粗鹽

沒有經過精製過程的粗鹽，本身含有較多的水分。一般提到的鹽，都是精製鹽或加熱過的鹽，其中的水分已被去除，如果依照食譜加入等量的精製鹽，鹽分含量更高。使用本書的食譜時，全部都請使用粗鹽製作。

鮮奶油
使用40％以上為佳

製作點心時使用的鮮奶油，使用乳脂肪含量40％以上的種類效果會比較好。像鮮奶油霜這種直接吃的鮮奶油，使用42％的鮮奶油製作，就能做出入口即化的口感。如果沒有42％的鮮奶油，也可用35％及47％各半調合使用。

吉利丁選擇
慣用的種類就OK

本書中使用的吉利丁，是一般來說很容易取得的粉狀吉利丁。直接把水淋在吉利丁上，不但不好攪拌，也容易結塊。因此，務必要將吉利丁粉撒進水中。如果有用習慣的種類，無論是片狀或粉狀的吉利丁，都可等量代換。

關於工具

若有下列介紹的小工具，處理水果時會更事半功倍！

① 牛刀、三德刀
切比較大的水果時很方便。推薦挑選刀面較寬的款式，會比較好操作。

② 小刀
進行挖取種子或是果蒂等細部作業時，用大菜刀不太容易操作。準備好一把小刀，會很有幫助。建議選擇刀面較窄的款式。

③ 水果去芯器
可以將蘋果、西洋梨等水果的種子及果蒂一次清理乾淨。如果沒有去芯器，也可以用不鏽鋼量匙替代。

④ 削皮刀
處理奇異果、桃子、西洋梨這種果皮較薄的水果時，使用削皮刀就可以漂亮地削除果皮，不會削到太多果肉。

烘焙紙的鋪法

製作磅蛋糕、果凍等，需要將麵糊、果凍液倒入模具時，請依照①～③的順序，將烘焙紙折好，鋪進模具中。

① 依照模具的底部及側邊裁剪烘焙紙。

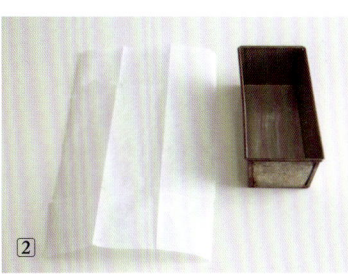

② 依照模具的形狀，將邊的部分折出折線。

③ 烘焙紙的4個角落部分向外側折成三角形，再鋪進模具中。

藤野貴子
Takako Fujino

甜點研究家。受到身為法國料理主廚的父親及料理研究家的母親影響，自幼對製作點心很感興趣。大學畢業後前往法國，在巴黎老牌餐廳擔任甜點師的同時，一邊走訪法國各地，學習當地的傳統點心。目前在料理工作室＆咖啡店「CASTOR」擔任甜點教室主理人及販賣烘焙甜點等工作。著有多部作品。

HP：https://2castor.com/
Instagram：@taquako41

攝影支援　高梨乳業株式會社
　　　　　官方網站
　　　　　https://www.takanashi-milk.co.jp
　　　　　Takanashi Milk WEB SHOP
　　　　　https://www.takanashi-milk.com
　　　　　＊照片中的部分商品有在日本超市販售

日文版 staff

設計	高橋朱里（○△）
攝影	福尾美雪
造型	駒井京子
料理助理	井上和子
編輯	石塚陽樹（マイナビ出版）、野村律絵
編輯	秋山泰子（MOSH books）

KISETSU WO IRODORU KUDAMONO
RECIPE CHO by Takako Fujino
Copyright © 2024 Takako Fujino
All rights reserved.
Original Japanese edition published by
Mynavi Publishing Corporation

This Traditional Chinese edition is published by
arrangement with Mynavi Publishing Corporation,
Tokyo in care of Tuttle-Mori Agency, Inc., Tokyo.

料理研究家的
水果甜點完美配方
從原味到輕奢，甜品職人的季節菓子發想與糕點美學

2025年5月1日初版第一刷發行

作　　者	藤野貴子
譯　　者	徐瑜芳
編　　輯	吳欣怡
特約編輯	曾羽辰
發 行 人	若森稔雄
發 行 所	台灣東販股份有限公司
	＜地址＞台北市南京東路4段130號2F-1
	＜電話＞(02)2577-8878
	＜傳真＞(02)2577-8896
	＜網址＞https://www.tohan.com.tw
郵撥帳號	1405049-4
法律顧問	蕭雄淋律師
總 經 銷	聯合發行股份有限公司
	＜電話＞(02)2917-8022

著作權所有，禁止翻印轉載。
購買本書者，如遇缺頁或裝訂錯誤，請寄回調換
（海外地區除外）。
Printed in Taiwan

國家圖書館出版品預行編目(CIP)資料

料理研究家的水果甜點完美配方：從原味到輕奢，甜品職人的季節菓子發想與糕點美學/藤野貴子著；徐瑜芳譯. -- 初版. -- 臺北市：臺灣東販股份有限公司, 2025.05　128面；18.2×25.7公分　ISBN 978-626-379-889-2(平裝)　1.CST: 點心食譜 427.16　114003664